分子分光学の基礎

博士（理学）星野 翔麻 著

コロナ社

ま え が き

　現代科学のほぼすべての分野は「物質」に基盤を置いており，その機能物性や反応性等の性質を分子論的に理解することが必須となっている。現代科学においては，電磁波を用いた計測（分光学的計測）が物質の物性や構造解析の主流として用いられている。分光計測は定量／定性分析の基盤となっており，非常に多くの研究分野で使用されている。現代科学において分光計測をまったく取り入れない研究は稀であるといっても過言ではないだろう。その測定技術や装置も洗練されており，試料をセットしてスイッチを押せば，短時間で非常に簡便にスペクトルの測定ができてしまう。さらに，測定したスペクトルの帰属もオートマチックに行うことが可能となりつつある。しかしながら，観測したスペクトルには分子のどのような性質が反映されているのか，つまり，「一体何を見ているのか」といった測定原理がブラックボックス化しているのも事実である。本書では，分子分光学の原理的側面を基礎的な物理化学・量子論の立場から解説している。特に，マイクロ波分光法，赤外分光法，ラマン分光法，電子遷移などの種々の分光法で得られるスペクトルから分子の幾何学的構造や電子構造がどのように決定されるかを簡単な分子を例に取り扱っている。

　本書は分子分光学の幅広い領域にわたって，初歩から専門への糸口までの手引書となるよう意図しており，いわば初歩的な解説書と高度な専門書の間のギャップを埋めるためのものである。分子分光学に関する世界的名著は数多く出版されているが，高度な量子論による取り扱いがなされていたり，内容も豊富であるために初学者にはハードルが高い。本書は学部2〜3年生以上の初等量子化学をすでに学習済みの学生が分光学を学習する入門書として，また，こ

の分野に関心をもつ読者が概観を得るための参考書として役立つであろう。

本書は全10章から構成されている。1章は序論であり，「スペクトル」の歴史と，分光学の観測対象に関して説明している。2〜4章では分子分光学を学ぶ上で必要な，原子・分子や分子運動の量子論の基礎を解説している。5章では光の特徴および光と分子の相互作用に関して，6章ではマイクロ波分光法によって分子の構造が決定できることを説明している。7章では分子の振動スペクトルから得られる情報に関して，8章ではラマン分光法に関して解説している。9章では電子遷移に関連するスペクトルから得られる情報および励起分子のたどる失活過程に関して取り扱っている。10章では群論の基礎とその分光学への応用に関して解説している。理解の手助けになるよう，各章の章末には数問の演習問題を，その略解を巻末に掲載した。

最後に，分子分光学は測定対象や測定手法，また解析の取り扱いも含め，日々進化し続けている分野である。このような広範な分野を1冊の書籍にまとめあげることは困難であり，紙面の都合から取り扱いを断念せざるを得なかった重要な内容や，発展・応用的な内容は数多くある。巻末にはいくつかの詳しい参考図書をあげてあるが，本書を step stone として，ぜひ高度な専門書にも挑戦してもらいたい。特に，実験手法に関しては，今日においても先駆的な方法が日々開発され，分子分光学はたゆまない進展を続けている。参考図書としてあげたいくつかの書籍には高度な計測技術に関する解説も多くある。

なお，本書は東京理科大学の3〜4年生を対象に開講している「分子構造論1」の講義で扱っている内容をまとめたものである。講義資料の間違いの指摘や意見等をくれた多くの履修生に感謝したい。また，本書の刊行に際し，献身的にご協力いただいたコロナ社に感謝の意を申し上げる。

2025年2月

星野 翔麻

目　　　次

1.　序論 − 分光学からわかること −

1.1　スペクトルとは …………………………………………………………… *1*

1.2　孤立分子のエネルギー ………………………………………………… *4*

1.3　分子運動の自由度 ……………………………………………………… *5*

1.4　分子がもつエネルギーの構造 ………………………………………… *6*

　演　習　問　題 ……………………………………………………………… *8*

2.　量子論の基礎

2.1　シュレディンガー方程式 ……………………………………………… *9*

2.2　量子力学的演算子 ……………………………………………………… *10*

2.3　波動関数の解釈と条件 ………………………………………………… *11*

2.4　箱の中の粒子モデル …………………………………………………… *13*

2.5　量子状態の特徴 ………………………………………………………… *15*

2.6　波動関数の直交性 ……………………………………………………… *18*

　演　習　問　題 ……………………………………………………………… *19*

3. 原子・分子の量子論

3.1 水素類似原子の量子論 ··· 20

3.2 水素原子の発光スペクトル ··· 26

3.3 原子軌道の特徴 ··· 27

3.4 波動関数の空間的広がり ··· 30

3.5 多電子原子の電子配置 ··· 33

3.6 H_2^+分子の分子軌道 ··· 38

3.7 等核二原子分子の分子軌道 ··· 46

3.8 異核二原子分子の分子軌道 ··· 53

3.9 多原子分子の分子軌道 ··· 56

3.10 ヒュッケル近似法 ··· 60

　演 習 問 題 ··· 62

4. 分子の振動運動と回転運動

4.1 二原子分子のポテンシャルエネルギー曲線 ··················· 64

4.2 調和振動子の古典力学的取扱い ··································· 66

4.3 二原子分子のバネモデル ··· 69

4.4 調和振動子の量子力学的取扱い ··································· 70

4.5 分子の回転運動 ··· 74

　演 習 問 題 ··· 77

5. 光 と 分 子

5.1 電磁波の特徴 ·· 78

5.2 分子のもつエネルギー準位と電磁波の領域 ··················· 82

目　　次　　*v*

5.3　吸収と放射の速度論………………………………………………*86*

5.4　ランベルト–ベールの法則…………………………………………*91*

5.5　振動子強度…………………………………………………………*93*

　　演習問題………………………………………………………………*95*

6.　回転分光学

6.1　純回転遷移…………………………………………………………*96*

6.2　回転スペクトルの様相……………………………………………*99*

6.3　遠心力の効果………………………………………………………*100*

6.4　多原子分子の回転…………………………………………………*103*

　　演習問題………………………………………………………………*109*

7.　振動分光学

7.1　振動エネルギー準位………………………………………………*111*

7.2　振動遷移の遷移選択律……………………………………………*113*

7.3　同位体効果…………………………………………………………*115*

7.4　振動の非調和性……………………………………………………*117*

7.5　振動–回転スペクトル………………………………………………*122*

7.6　多原子分子の振動…………………………………………………*126*

7.7　多原子分子の赤外吸収……………………………………………*131*

　　演習問題………………………………………………………………*134*

8.　ラマン分光学

8.1　ラマン散乱…………………………………………………………*137*

8.2　振動ラマン遷移の遷移選択律………………………………………*140*

vi　目　　次

8.3　回転ラマン散乱······················141

8.4　振動 – 回転ラマン遷移··················142

8.5　多原子分子のラマン分光················144

　演　習　問　題························146

9.　電 子 遷 移

9.1　π 電子系の電子遷移··················147

9.2　電子遷移の振動構造··················150

9.3　電子遷移の回転構造··················161

9.4　励起分子の動的過程··················164

　演　習　問　題························173

10.　分子の対称性と分光学

10.1　対称要素と対称操作··················175

10.2　点　群　の　分　類··················178

10.3　対称操作と表現行列··················179

10.4　指　　標　　表····················184

10.5　分子運動の対称性··················186

10.6　遷　移　選　択　律··················189

　演　習　問　題························193

付　　　　録··························194

引 用 文 献··························211

参 考 図 書··························212

演習問題の略解························213

索　　　引··························221

1.

序論 – 分光学からわかること –

　現代科学において，分子の物性や構造の解析にはおもに電磁波による計測（分子分光学的計測）が用いられている。分子分光法では光と分子の相互作用をもとに，分子の光に対する応答強度のエネルギー依存性，つまりスペクトルを観測し，分子の幾何学的構造や運動状態，電子状態に関する情報を実験的に得ることができる。本章では，孤立分子のもつエネルギーと，分子運動の自由度ならびに分光法の観測対象に関して説明する。

1.1　スペクトルとは

　スペクトル（spectrum）はラテン語の「見る（specio）」に由来する言葉で，古代ローマ時代から使われてきた。この言葉は，ギリシア語の「幻像（εἴδωλον）」のラテン語訳でもあり，古くは原子論者たちによって用いられた。以来，ギリシア語 εἴδωλον とラテン語の spectrum およびそれらの近代語訳（英語でいえば spectrum／specter）は幻像や残像，ときには幽霊を表す言葉として長きにわたり使用されてきた。

　スペクトルという言葉を「色の帯」という意味で初めて用いたのはニュートン（Newton）である。1666 年にニュートンはプリズムを用いた太陽光（白色光）の分散実験を行い，色と屈折性を定量的に評価した。まさにこの研究に分光学の歴史の発端があるといえよう。その 150 年ほど後，フラウンホーファ（Fraunhofer）が実質最初の「分光学的実験」を行った。彼は，太陽からの直射光を細いスリット通した後にプリズムで分散させ，その像を注意深く観察した。この実験はニュートンが行った実験と本質的には同一であるが，分解能が

はるかに高く波長の測定も可能となったため，今日でいう「スペクトル」を初めて測定した実験といえるであろう．フラウンホーファは，太陽光を波長ごとに分散してできるおなじみの「虹色の帯」に加え，特定の波長において，いくつかの黒い線が重なっているのを発見した（**図 1.1**）．つまり，太陽からの光は，太陽大気に存在する化学種によって特定の波長でその一部が吸収されているのである．例えば 598 nm（n（ナノ）は 10^{-9} を表す接頭語）周辺に観測されている二重線はフラウンホーファが D 線と命名したもので，ブンゼン（Bunsen）バーナーの炎に塩化ナトリウムを入れたときに見える輝線と波長が正確に一致することから，ナトリウム原子による吸収と同定された．

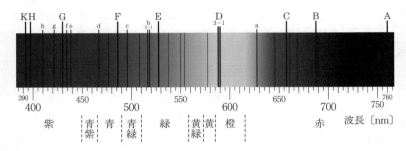

図 1.1 フラウンホーファによる太陽光の分光スペクトル
（ブロードな光の帯に複数の暗線が観測されている）

キルヒホフ（Kirchhoff）は，考えられるすべての可能性を系統的に調べることで，すべてのフラウンホーファ線を鉄やカルシウム等のさまざまな異なる元素に割り当てることができた．この功績は，化学種によって示すスペクトルが異なり独自の特徴をもつことから，特定の原子や分子を遠隔で特定できる分光学の威力を実証したものである．20 世紀初頭の量子力学の発展による原子・分子の性質の理解も相まって，今日では分光学の特徴を活かして，目に見ることはできない分子の構造の精密決定や，未知の試料中に含まれる化学種の同定，化学反応の追跡等といった化学分析をはじめ，星間雲のような遥か遠い領域やわれわれが暮らす地球大気，さらには道路を走る車の排気ガスに含まれる分子の同定や監視などの幅広い利用がなされている．

分子分光学では，光と分子の間のエネルギーのやりとりを「スペクトル」として観測する。このスペクトルは，現代では光に対する分子の応答を光のエネルギーに対してプロットしたグラフのことを表す。今日，一般的に使用される分光法は**吸収分光法**および**発光分光法**である。吸収スペクトルは**図 1.2**のようなセットアップで測定する。サンプルセルを通過する前の，ある波長（エネルギー）の光の強度を I_0，サンプルセル通過後の光強度を I とする。サンプル中の分子がこの波長の光を吸収しない場合，$I/I_0 = 1$ となる。サンプル中の分子が光を吸収した場合は，$I < I_0$ となるため，$I/I_0 < 1$ となる。このように，光の波長を変化させながらサンプルによる吸収の割合をプロットしたグラフが吸収スペクトルである（**図 1.3**）。

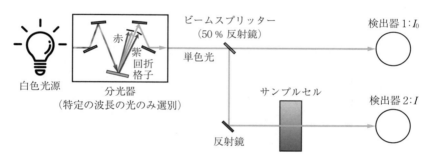

図 1.2 吸収スペクトルを測定するセットアップ
（白色光源を分光器で単色化し，サンプルに照射して光強度の減少を計測する。）

分子からの発光をスペクトルとして観測する場合もある。発光スペクトルは**図 1.4**に示すような方法で測定される。図中の分光器 1 で特定の波長の光を選別し，サンプルに照射する。サンプルからの発光を分光器 2 で波長分散し，検出器で検出する。このとき，分光器 2 をスキャンすることで，波長ごとの発光強度（発光スペクトル）を測定することが可能となる。励起光（分光器 1 で選別された光）の影響を極力なくすため，一般には励起光軸と垂直方向で発光を観測する。分子分光学ではこのようなスペクトルから分子の構造やエネルギー状態に関する情報を得ることができる。

4　　1. 序論 - 分光学からわかること -

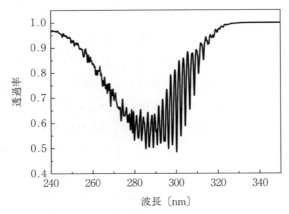

図 1.3　SO$_2$ 分子の紫外吸収スペクトル
（電子励起状態への遷移と，それに伴う振動状態の変化に由来する鋭いピークが観測されている。）
［文献 1）を元に著者作成］

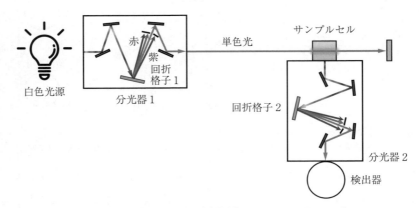

図 1.4　発光スペクトルを観測するためのセットアップ
（分光器 2 で分子からの発光を波長ごとに分散する）

1.2　孤立分子のエネルギー

つぎに孤立した分子がもつエネルギーについて考えよう。分子のもつエネルギーを大別すれば，分子そのものの骨格の運動によるエネルギー $E_{骨格}$ と，分子内部に存在する電子のエネルギー $E_{電子}$ に分類される。**図 1.5** に示すように，

図 1.5 分子の運動（質量中心の移動である並進運動，軸まわりの回転運動，核間距離や結合角が変動する振動運動がある）

分子骨格の運動には，分子の質量中心が空間を移動する**並進運動**，質量中心のまわりでの**回転運動**，核間距離や結合角が変動する**振動運動**の三つの運動がある。したがって，孤立した分子がもつエネルギー $E_{分子}$ は，これら分子骨格の運動によるエネルギーと電子のエネルギーの和

$$E_{分子} = E_{骨格} + E_{電子}$$
$$= E_{並進} + E_{回転} + E_{振動} + E_{電子} \tag{1.1}$$

で表すことができる。分子が光を吸収するとその分子は光からエネルギーを受け取り，より高いエネルギー状態に移り変わる。

1.3　分子運動の自由度

ここでは分子運動の**自由度**について考えよう。この自由度とは，ある運動を記述するために必要な変数の数のことである。N 個の原子からなる N 原子分子の運動は，**図 1.6** のように各原子の位置に対して x, y, z の三つの変数を用いて記述される。したがって，分子全体の運動を記述するためには合計 $3N$ 個の自由度が必要である。このうち，並進運動は質量中心の座標 (X, Y, Z) を指定すれば記述することができるため，その自由度は 3 である。質量中心のまわりの回転運動を記述するためには，**図 1.7**（a）のような非直線形の分子では三つの自由度が必要である。一方で，図（b）のような直線形の分子では，Y 軸まわりの回転は区別できないために，回転の自由度は 2 である。これら回転の自由度は質量中心を原点においた座標軸のまわりの角度に対応する。残り

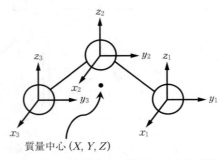

図1.6 分子を構成する各原子の座標と質量中心の座標

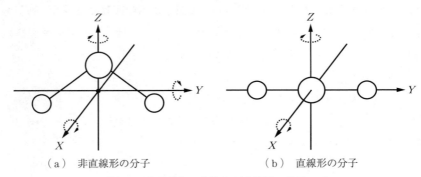

（a） 非直線形の分子　　　　（b） 直線形の分子

図1.7 分子回転の自由度（直線形の分子では結合軸のまわりの回転は定義できない）

の自由度が振動運動の自由度として分配されるため，直線形の分子では $3N-5$，非直線形の分子では $3N-6$ の振動自由度をもつ。この振動の自由度は，核間距離や結合角に対応する。

1.4 分子がもつエネルギーの構造

図1.3に示した吸収スペクトルの例からわかるように，スペクトルは多数の線から構成されることが多い。これは，分子運動や電子のエネルギーが量子化された，とびとびのエネルギー準位構造をもっていることに起因する。分子運動および電子エネルギーのエネルギー間隔のオーダーは**表1.1**のとおりである。

1.4 分子がもつエネルギーの構造

表1.1 分子のもつエネルギーのオーダー

	並進	回転	振動	電子
ΔE [cm^{-1}]	ほぼ連続	~1	$10^2 \sim 10^3$	$>10^4$

ここで，[cm^{-1}]はエネルギーを表す単位で，1 cm^{-1}=1.986 4×10^{-23} Jである（詳しくは5章で説明する）。並進運動は他の運動と比べてエネルギー間隔が非常に小さいため，ほとんど連続的なエネルギー準位構造をもっている。分子の回転準位のエネルギー間隔は 1 cm^{-1} オーダー，振動準位では $10^2 \sim 10^3$ cm^{-1} オーダーである。電子配置を変化させるために必要なエネルギーは 10^4 cm^{-1} 以上のオーダーである。

図1.8には分子を構成する原子間に働くポテンシャルエネルギーを核間距離の関数として描いた，**ポテンシャルエネルギー曲線**と，分子運動のエネルギー構造を示してある。分子内の電子が最もエネルギー的に安定な配置にある状態を**電子基底状態**，それ以外の状態を**電子励起状態**という。同様に，分子の振動エネルギーが最安定な状態を**振動基底状態**，それ以外を**振動励起状態**という。式 (1.1) によれば，分子のもつエネルギーは各分子運動のエネルギーと電子のエネルギーの和で書けるから，電子基底状態，電子励起状態それぞれに**振動準**

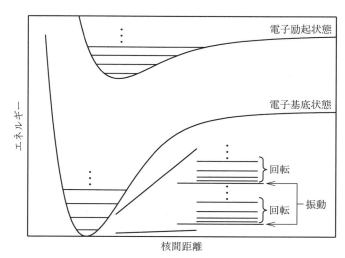

図1.8 二原子分子のポテンシャルエネルギー曲線と量子準位の模式図

8   1. 序論 - 分光学からわかること -

位・**回転準位**が存在する。したがって電子基底状態の振動励起状態や，電子励起状態の振動基底状態などが独立に存在できる。

分子に光を照射すると，光と分子の間でエネルギーのやりとりが起こり，運動状態の変化（光学遷移）が生じる。例えば，電子基底状態にある分子に電子配置を組み替えるようなエネルギーの光を照射することで電子励起状態が生じる。分子分光学において観測対象となるのは**回転遷移**，**振動遷移**および**電子遷移**である。並進運動が観測の対象とならないのは，運動状態の変化の際に電荷の偏り（遷移双極子モーメント）が生じないため，光と相互作用ができないからである。

演 習 問 題

問題 1.1　HCl，CO_2，H_2O，NH_3，CH_4 について並進，回転，振動運動の自由度を求めよ。

2.

量 子 論 の 基 礎

　原子や分子，電子などの微視的な粒子の振る舞いは，量子力学の原理に則っ
て記述することができる。本章では，分子分光学に関連する内容を学習する上
で必要な量子力学の基礎を説明する。

2.1　シュレディンガー方程式

　19世紀後半から20世紀初頭にかけて，これまでの古典物理学では説明がつ
かない，原子や分子・電子などの微視的な粒子が関与するさまざまな現象が観
測された。1920年代にそれら微視的な世界の物理現象を適切に記述すること
ができる量子力学が誕生した。量子力学において，粒子は明確な軌跡をたどっ
て運動するのではなく，空間に波のように分布していると考える。古典的な軌
跡の概念に代わる波を数学的に表現したものを**波動関数** ψ という。この波動
関数は**シュレディンガー（Schrödinger）方程式**と呼ばれる基本方程式から求
めることができる。シュレディンガー方程式は時間に依存する方程式と時間に
依存しない方程式の2種類に分類されるが，分子内の電子の定常状態などを考
える上では時間に依存しない方程式を利用する。その一方で，光学遷移の現象
そのものを取り扱うなど，系の時間変化を考える場合には時間依存型の方程式
が必要である（巻末付録Dを参照）。

　ポテンシャルエネルギー $V(x,y,z)$ を受けながら運動する質量 m の粒子に対
する時間に依存しないシュレディンガー方程式は次式で与えられる。

10   2. 量 子 論 の 基 礎

$$\left\{-\frac{\hbar^2}{2m}\nabla^2 + V(x, y, z)\right\}\psi(x, y, z) = E\psi(x, y, z) \tag{2.1}$$

ここで，h をプランク（Planck）定数として $\hbar = h/(2\pi)$（換算プランク定数やディラック（Dirac）定数と呼ばれる），E は粒子のもつ全エネルギーである。また，∇^2 は**ラプラシアン**（Laplace 演算子）と呼ばれる二階偏微分演算子（数学的処理）で，三次元においては

$$\nabla^2 = \frac{\partial^2}{\partial x^2} + \frac{\partial^2}{\partial y^2} + \frac{\partial^2}{\partial z^2} \tag{2.2}$$

である。したがって，式 (2.1) の左辺 { } の部分は $\psi(x, y, z)$ に対して左から作用する演算子である。この演算子は全エネルギーを与える演算子であり，これを**ハミルトニアン**（Hamilton 演算子）と呼び，$\hat{H}$ と記す。ハミルトニアンを用いれば，シュレディンガー方程式は

$$\hat{H}\psi(x, y, z) = E\psi(x, y, z) \tag{2.3}$$

と簡単な形で書くことができる。

　一般に，ある演算子 $\hat{A}$ に対して関数 φ および定数 a が

$$\hat{A}\varphi = a\varphi \tag{2.4}$$

という関係を満たすとき，この関数 φ を $\hat{A}$ の**固有関数**，定数 a を**固有値**といい，これらの関係式を**固有値方程式**という。特に，ハミルトニアンの固有関数を波動関数と呼ぶ。与えられた演算子 $\hat{A}$ に対して，関数 φ と定数 a を求めることを「固有値方程式を解く」という。後に簡単な例を取りあげ，シュレディンガー方程式を解くが，「シュレディンガー方程式を解く」ということは与えられたハミルトニアンに対してエネルギー固有値 E と固有関数（波動関数）ψ を求めることである。

2.2　量子力学的演算子

　ハミルトニアンは粒子のもつ全エネルギーを与える演算子であった。全エネルギーとは運動エネルギー $K(x, y, z)$ とポテンシャルエネルギー $V(x, y, z)$ の和

である。したがって，式 (2.1) の左辺 { } 内の第一項が運動エネルギーを与える演算子

$$\hat{K}(x, y, z) = -\frac{\hbar^2}{2m} \nabla^2 \tag{2.5}$$

に対応する。粒子の古典的運動エネルギー $K(x, y, z)$ は

$$K(x, y, z) = \frac{1}{2} m(v_x^2 + v_y^2 + v_z^2) = \frac{1}{2m} (p_x^2 + p_y^2 + p_z^2) \tag{2.6}$$

であるから，直線運動量 $p_k(k = x, y, z)$ に対応した**運動量演算子**は

$$\hat{p}_k = \frac{\hbar}{i} \frac{\partial}{\partial k} = -i\hbar \frac{\partial}{\partial k} \tag{2.7}$$

であることがわかる。ここで i は虚数単位である（$i^2 = -1$）。また，位置 x に対応した演算子は形式的に

$$\hat{x} = x \times \quad (x をかける) \tag{2.8}$$

と表される。このように，量子力学では古典力学における観測量（物理量）に対応した演算子が存在する。ほぼすべての観測量に対する量子力学的演算子はこれら二つの演算子を出発点として得ることができる。

2.3　波動関数の解釈と条件

光の強度は振幅の 2 乗に比例するという波動理論の類推から，波動関数の 2 乗つまり $|\psi|^2 = \psi^* \psi$ が確率密度を表すと考えられている。これを波動関数の**ボルン（Born）の解釈**という。ここで ψ^* は ψ の複素共役，すなわち ψ の中の i をすべて $-i$ に置き換えたものである。また，$\psi^* \psi \mathrm{d}\tau$ は微小領域 $\mathrm{d}\tau$ 中に粒子を見出す確率を表す（**図 2.1**）。したがって，考えているすべての領域に対してこれを足し合わせたものは 1 になる。つまり

$$\int_{\mathrm{ALL}} \psi^* \psi \mathrm{d}\tau = 1 \quad （考えているすべての領域） \tag{2.9}$$

である。この積分を**規格化積分**と呼ぶ。また，$x = a$ と $x = b$ の間の領域に粒子を見出す確率は次式で与えられる。

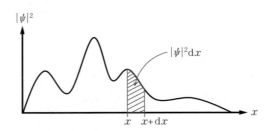

図 2.1 波動関数に対するボルンの解釈（斜線部分の面積が微小領域 dx 中に粒子を見出す確率になる）

$$P = \int_a^b \psi^*(x)\psi(x)\mathrm{d}x \tag{2.10}$$

　シュレディンガー方程式や，ボルンの解釈は波動関数の関数形に厳しい制約を与える．まず，波動関数は定義域の全域において有限の関数でなければならない．もし，波動関数が定義域のどこかで無限大になると，式 (2.9) の積分が無限大になってしまう．また，波動関数は一価関数である必要もある．一価関数とはある x の値において，ただ一つの $f(x)$ の値をもつ関数のことである．波動関数が多価関数であった場合，粒子がある点で二つ以上の確率をもってしまう．さらに，シュレディンガー方程式は二階の微分方程式であるから，その解である波動関数は連続な関数でなければならない．加えて波動関数および，一階の導関数が滑らかでなければならない．以上の制約をまとめると，波動関数として許される関数はつぎの条件をすべて満たす関数である．

　（1）ψ は全領域で有限な関数である．
　（2）一価の関数である．
　（3）連続な関数である．
　（4）ψ および，その一階の導関数（勾配）が滑らかである．

　図 2.2 には波動関数として許されない関数を示した．図（a）は有限でない関数であるから許されない．図（b）は多価関数であるから許されない．図（c）は不連続な関数であるから許されない．図（d）は滑らかでない関数（つまり，その導関数が不連続）だから許されない．

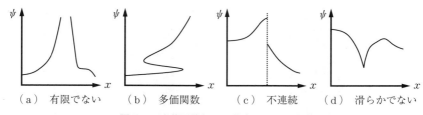

図 2.2　波動関数として許容されない関数

2.4　箱の中の粒子モデル

ここでは最も簡単な系を例にあげ，シュレディンガー方程式を解くことで，得られる固有値および固有関数の物理的意味を考えよう。

x 軸上の 0 から a の領域を自由に運動する粒子を考える。このような状況は，ポテンシャルエネルギーが

$$V(x) = \begin{cases} 0 & (0<x<a) \\ \infty & (x\leq 0, x\geq a) \end{cases} \tag{2.11}$$

で与えられるような場合に達成される。x が 0 から a の領域では粒子はポテンシャルを感じることなく自由に運動するが，それ以外の領域に入り込もうとすると急激に無限大のポテンシャルエネルギーを感じることになる。したがって，粒子はあたかもポテンシャルの壁に閉じ込められたような状況になる（**図 2.3**）。この量子力学的問題は共役鎖中の π 電子の運動（9章）や，分子の一次元的な並進運動のモデルとして扱える。

さて，この粒子が満たすべきシュレディンガー方程式は，$0<x<a$ の領域においては

$$-\frac{\hbar^2}{2m}\frac{d^2}{dx^2}\psi(x) = E\psi(x) \tag{2.12}$$

である。この方程式は変形すると

$$\frac{d^2}{dx^2}\psi(x) = -\frac{2mE}{\hbar^2}\psi(x) = -k^2\psi(x) \tag{2.13}$$

となるが，これは波動関数 $\psi(x)$ を二階微分しても元の関数の定数倍になる方

2. 量子論の基礎

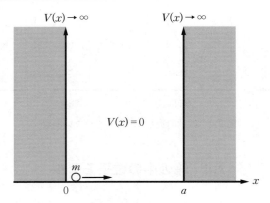

図2.3 箱の中の粒子モデル（粒子は $x=0$ と $x=a$ の領域に閉じ込められる）

程式になっている。ここでは

$$\psi(x) = A\cos kx + B\sin kx \tag{2.14}$$

の形を採用しよう。この関数は有限・一価・連続・滑らかな関数であるので波動関数の条件を満たしている。

ここで，波動関数に対して**境界条件**を導入する。$x=0$ および $x=a$ でポテンシャルが無限大になるということは，その領域に粒子は存在できないということであり，つまり

$$\psi(0) = \psi(a) = 0 \tag{2.15}$$

でなければならないことを意味する。まず，$x=0$ において

$$\psi(0) = A\cos(0) + B\sin(0) = A\cos(0) = A = 0 \tag{2.16}$$

となる。これを踏まえて，$x=a$ において

$$\psi(a) = B\sin(ka) = 0 \tag{2.17}$$

が課せられる。これを満たすのは $B=0$ もしくは，$ka=n\pi$，$n=0, 1, 2, 3, \cdots$ のときであるが，$B=0$ および $n=0$ のときはつねに $\psi(x)=0$ となってしまい物理的意味をもたない解となる。結局，解として受け入れられる波動関数は

$$\psi_n(x) = B\sin\left(\frac{n\pi x}{a}\right), \quad n=1, 2, 3, \cdots \tag{2.18}$$

となる。

一方で，$ka = n\pi$ より，$k = n\pi/a$ である。また，$k^2 = 2mE/\hbar^2$ より，エネルギー固有値として，次式を得ることができる。

$$E_n = \frac{n^2\pi^2\hbar^2}{2ma^2} = \frac{n^2h^2}{8ma^2}, \quad n = 1, 2, 3, \cdots \tag{2.19}$$

さて，話題を波動関数に戻そう。式 (2.15) で与えられる境界条件は，粒子が必ず $0 \leqq x \leqq a$ の領域内に存在していることを表す。したがって，$0 \leqq x \leqq a$ の領域で

$$\int_0^a \psi_n^*(x)\psi_n(x)\mathrm{d}x = 1 \tag{2.20}$$

でなければならない。これは，式 (2.9) に示される規格化積分である。この積分を式 (2.18) で与えられる波動関数を用いて計算してみよう。この関数は実関数であるから

$$\int_0^a \psi_n^*(x)\psi_n(x)\mathrm{d}x = \int_0^a \psi_n^2(x)\mathrm{d}x = B^2\int_0^a \sin^2\left(\frac{n\pi x}{a}\right)\mathrm{d}x \tag{2.21}$$

である。ここで $y = n\pi x/a$ とおくと，$\mathrm{d}y/\mathrm{d}x = n\pi/a$ だから，$\mathrm{d}x = (a/n\pi)\mathrm{d}y$ となる。また，$x = 0$ のとき $y = 0$，$x = a$ においては $y = n\pi$ だから

$$B^2\int_0^a \sin^2\left(\frac{n\pi x}{a}\right)\mathrm{d}x = \frac{B^2a}{n\pi}\int_0^{n\pi} \sin^2 y\, \mathrm{d}y = \frac{B^2a}{2n\pi}\int_0^{n\pi} (1 - \cos 2y)\mathrm{d}y = \frac{B^2a}{2} = 1 \tag{2.22}$$

となり，規格化定数

$$B = \sqrt{\frac{2}{a}} \tag{2.23}$$

を得る。したがって，この粒子に対する規格化された波動関数は次式となる。

$$\psi_n(x) = \sqrt{\frac{2}{a}}\sin\left(\frac{n\pi x}{a}\right), \quad n = 1, 2, 3, \cdots \tag{2.24}$$

2.5　量子状態の特徴

箱の中の粒子モデルに対する波動関数とエネルギー固有値は，ともに n の値で規定される。この n を**量子数**という。図 2.4 (a) に $n = 1 \sim 3$ の場合につい

16　　2. 量 子 論 の 基 礎

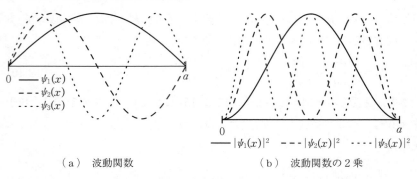

（a）波動関数　　　　　　　（b）波動関数の2乗

図 2.4　箱の中の粒子モデルの波動関数およびその2乗の形状

ての波動関数 $\psi_n(x)$ を，図（b）には波動関数の2乗 $|\psi_n(x)|^2$ を示した。波動関数は $n=1$ の場合，箱の中央（$x=a/2$）に極大をもつが，$n=2$ の場合では箱の中央で $\psi=0$ となる。このように定義域の両端以外で $\psi=0$ となる点を**節**という。また，n の値が大きくなれば，それに応じて節も増えていく。

　粒子を見出す確率は波動関数の2乗に比例することから，$n=1$ の場合では箱の中央で最大となる。古典的に考えれば，粒子は箱の中を等速度運動しているので，その粒子を見出す確率は箱の中のどこをとっても同じになるはずである。このように，量子力学においては古典力学的な直感に反する現象が見られるのである。しかし，**図 2.5** に示すように，n の大きさが大きくなれば粒子を見出す確率の分布は一様になっていく。このように，量子数が大きくなるとしだいに古典力学的な描像が見えてくる。

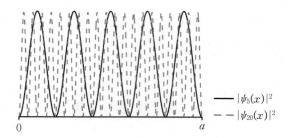

図 2.5　箱の中の粒子モデルの $n=5$ および $n=20$ の波動関数の2乗（量子数 n が大きくなれば大きくなるほど，粒子を見出す確率は一様に分布する）

つぎに，エネルギー固有値について考察しよう．エネルギー固有値も量子数 n によって定められており，n の値に従って決められたとびとびのエネルギーしかとることができない（図 2.6）．つまりエネルギーが量子化されているのである．やはり古典的に考えれば，粒子のもつエネルギーがとびとびの値しかとり得ないというのは直感に反する．

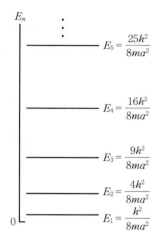

図 2.6 箱の中の粒子モデルの量子力学的エネルギー準位図

最もエネルギーの低い $n=1$ の場合を考えよう．このときエネルギーは

$$E_1 = \frac{h^2}{8ma^2} \tag{2.25}$$

であり，0 でない値をもつ．この系のポテンシャルエネルギーは 0 であるため，このエネルギーは粒子の運動エネルギーである．つまり，粒子は最低エネルギー状態であっても静止することなく運動しているということである．このエネルギーを**零点エネルギー**という．古典力学においては，粒子は静止することが許されるので，粒子の運動エネルギーは 0 になることもあるが，量子力学においては許されないのである．

最低エネルギー状態とその一つ上の量子状態のエネルギー差を計算してみよう．$n=2$ と $n=1$ のエネルギー差は

18   2. 量 子 論 の 基 礎

$$\Delta E_{2,1} = E_2 - E_1 = \frac{3h^2}{8ma^2} \tag{2.26}$$

である。長さ1mの領域に窒素分子（分子一つあたりの質量 $m = 4.653 \times 10^{-26}$ kg）を閉じ込めた場合では，このエネルギー差は 3.54×10^{-42} J となる。

式 (2.19) で表される量子状態のエネルギーは粒子の質量 m に反比例する。粒子の質量が大きくなれば，量子力学的エネルギーが小さくなると同時に，量子化された準位の間隔が狭くなる。つまり，古典力学で許されるような，連続した運動エネルギーをもつことや，粒子が静止した（運動エネルギーが0の）状況に近づいていく。さらに，量子状態のエネルギーは箱の長さ a が増加するほど小さくなる。この場合も古典力学で考えられるような振る舞いに近づいていく。

2.6 波動関数の直交性

波動関数には**直交性**という重要な性質がある。演算子 $\hat{A}$ の異なる固有値 $a_n,\ a_m$ に対応する固有関数 $\psi_n,\ \psi_m$ は

$$\int \psi_n^* \psi_m \mathrm{d}\tau = 0 \qquad (n \neq m) \tag{2.27}$$

という関係を満たす。この場合，ψ_n と ψ_m は直交しているという。式 (2.27) と式 (2.9) の規格化積分をまとめると

$$\int \psi_n^* \psi_m \mathrm{d}\tau = \delta_{nm} = \begin{cases} 0 & (n \neq m) \\ 1 & (n = m) \end{cases} \tag{2.28}$$

となる。ここで，δ_{nm} はクロネッカー（Kronecker）のデルタで，$n = m$ の場合は1，$n \neq m$ の場合は0である。

式 (2.24) で与えられる波動関数を用いて，直交性を確認しよう。量子数 m および n をもつ，異なる量子状態について

$$\frac{2}{a} \int_0^a \sin\left(\frac{n\pi x}{a}\right) \sin\left(\frac{m\pi x}{a}\right) \mathrm{d}x$$
$$= \frac{1}{a} \int_0^a \cos\frac{(n-m)\pi x}{a} \mathrm{d}x - \frac{1}{a} \int_0^a \cos\frac{(n+m)\pi x}{a} \mathrm{d}x$$

$$= \frac{1}{a} \left[\frac{a}{(n-m)\pi} \left\{ \sin \frac{(n-m)\pi x}{a} \right\} - \frac{a}{(n+m)\pi} \left\{ \sin \frac{(n+m)\pi x}{a} \right\} \right]_0^a$$

$$= 0 \tag{2.29}$$

となる．したがって，式 (2.24) の波動関数は規格化直交系である．

演 習 問 題

問題 2.1　関数 $\sin \alpha x$（α は定数）が演算子 $\mathrm{d}^2/\mathrm{d}x^2$ の固有関数であることを示し，固有値を求めよ．

問題 2.2　ポテンシャルエネルギー $V(x) = kx^2/2$（k は定数）のもとで一次元運動する質量 m の粒子に関するハミルトニアンを書け．

問題 2.3　式 (2.18) にハミルトニアンを作用させることで，エネルギー固有値として式 (2.19) が得られることを示せ．

問題 2.4　$0 \leqq x \leqq a$ の領域を自由運動する粒子の最低エネルギー状態に対応する波動関数に関して，式 (2.18) と同じ三角関数でも $A\cos(\pi x/a)$ が波動関数として不適切であることを説明せよ．

問題 2.5　$0 \leqq x \leqq a$ の領域を自由運動する粒子の最低エネルギー状態に関して，$0 \leqq x \leqq a/2$ の領域に粒子を見出す確率を求めよ．

3.

原子・分子の量子論

　本章では，2章で導入した量子論の原理に基づいて，原子や分子の電子構造を議論する。まず水素原子や多電子原子の電子状態を説明し，その後，分子の化学結合を分子軌道法に基づいて取り扱う。

3.1　水素類似原子の量子論

　ここからは原子の電子構造，すなわち原子核のまわりの電子の配置を説明する。まず，一つの電子をもつ，**水素類似原子**の電子軌道やエネルギーの構造を学習しよう。

　$+Ze$ の電荷をもつ原子核と，$-e$ の電荷をもつ一つの電子からなる系を考えよう。このような系を水素類似原子という。$Z=1$ の場合は水素原子，$Z=2$ の場合は He$^+$ 原子である。原子核と電子の間の距離を r とすれば，これらの間に働く**クーロン（Coulomb）力**は

$$F_c(r) = -\frac{Ze^2}{4\pi\varepsilon_0 r^2} \tag{3.1}$$

で与えられる。ここで，ε_0 は真空の誘電率，e は電気素量である。力とポテンシャルエネルギーの間には

$$F(r) = -\frac{\mathrm{d}V}{\mathrm{d}r} \tag{3.2}$$

の関係があるから，ポテンシャルエネルギーは

$$V_c(r) = -\int_r^\infty F_c\,\mathrm{d}r = \frac{Ze^2}{4\pi\varepsilon_0}\int_r^\infty \frac{1}{r^2}\,\mathrm{d}r = -\frac{Ze^2}{4\pi\varepsilon_0 r} \tag{3.3}$$

3.1　水素類似原子の量子論　　*21*

となる。**クーロンポテンシャル**は，$r \to \infty$ のとき $V=0$ とした負の値をとる。

さて，この系に対する全エネルギーは

$$E = K_n + K_e + V_c(r) \tag{3.4}$$

で与えられる。ここで，K_n は原子核の運動エネルギー，K_e は電子の運動エネルギー，$V_c(r)$ は原子核と電子の間に働くクーロンポテンシャルで，式 (3.3) で与えられる。したがって，この系のハミルトニアンは

$$\hat{H} = -\frac{\hbar^2}{2M}\nabla_n^2 - \frac{\hbar^2}{2m_e}\nabla_e^2 - \frac{Ze^2}{4\pi\varepsilon_0 r} \tag{3.5}$$

となる。ここで，右辺第一項は核の運動エネルギー演算子，第二項が電子の運動エネルギー演算子に対応している。∇_n^2 および ∇_e^2 はそれぞれ核の座標および，電子の座標に関するラプラシアンである。また，M は原子核の質量，m_e は電子の質量である。原子核の質量 M は，陽子の質量 m_p，陽子数 N_p，中性子の質量 m_n，中性子数 N_n を用いて，$M = m_p N_p + m_n N_n$ で与えられる。電子の質量は原子核の質量と比べて非常に小さい。例えば，${}_1^1\mathrm{H}$ 原子で $M/m_e = 1\,836.6$，${}_2^4\mathrm{He}^+$ で $M/m_e = 7\,340.0$，${}_3^7\mathrm{Li}^{2+}$ で $M/m_e = 12\,843.3$ である。したがって，電子の運動を考える際には，原子核は静止していると考えてよい。すると，式 (3.5) の右辺第一項は無視でき，第二項の ∇_e^2 を省略して ∇^2 と書けば，水素類似原子のシュレディンガー方程式は

$$\left(-\frac{\hbar^2}{2m_e}\nabla^2 - \frac{Ze^2}{4\pi\varepsilon_0 r}\right)\psi = E\psi \tag{3.6}$$

と書ける。式 (3.3) で与えられるポテンシャルエネルギーは球対称であるから，式 (3.6) 内のラプラシアン ∇^2 を極座標で表示したほうが扱いやすい。極座標系では，**図 3.1** のように座標 (x, y, z) を (r, θ, ϕ) で表現する。これら変数のとり得る範囲は

$$0 \leqq r < \infty \tag{3.7a}$$

$$0 \leqq \theta \leqq \pi \tag{3.7b}$$

$$0 \leqq \phi \leqq 2\pi \tag{3.7c}$$

である。図より，直交座標 (x, y, z) は

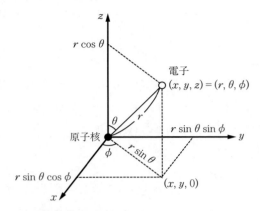

図 3.1 水素類似原子のシュレディンガー方程式を扱う上での極座標系の定義

$$x = r \sin\theta \cos\phi \tag{3.8a}$$
$$y = r \sin\theta \sin\phi \tag{3.8b}$$
$$z = r \cos\phi \tag{3.8c}$$

と表されることがわかる。また，**図 3.2** より，体積素片は

$$d\tau = dx\,dy\,dz = r^2 \sin\theta\, dr\, d\theta\, d\phi \tag{3.9}$$

と書けることがわかる。

導出は数学の専門書に譲るとして，極座標系でのラプラシアンは

$$\nabla^2 = \frac{\partial^2}{\partial r^2} + \frac{2}{r}\frac{\partial}{\partial r} + \frac{1}{r^2}\Lambda^2 \tag{3.10}$$

と表される。ここで，Λ^2 は角度に関する演算子（**ルジャンドル（Legendre）演算子**）で

$$\Lambda^2 = \frac{1}{\sin^2\theta}\frac{\partial^2}{\partial\phi^2} + \frac{1}{\sin\theta}\frac{\partial}{\partial\theta}\left(\sin\theta\frac{\partial}{\partial\theta}\right) \tag{3.11}$$

で与えられる。

この系の波動関数を，動径成分 (r) と角度成分 (θ, ϕ) の関数の積

$$\psi(r, \theta, \phi) = R(r)Y(\theta, \phi) \tag{3.12}$$

とおいて変数分離する。式 (3.12) をシュレディンガー方程式に代入すると

3.1 水素類似原子の量子論　23

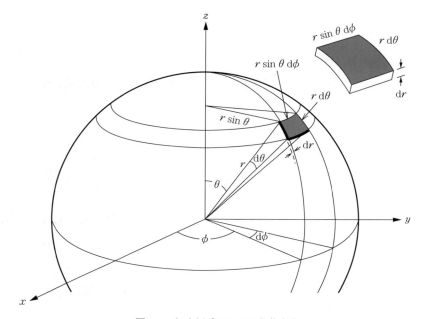

図 3.2　極座標系における体積素片

$$-\frac{\hbar^2}{2m_e}\left(Y\frac{\partial^2}{\partial r^2}R+\frac{2}{r}Y\frac{\partial}{\partial r}R+\frac{1}{r^2}R\Lambda^2 Y\right)-\frac{Ze^2}{4\pi\varepsilon_0 r}RY=ERY \quad (3.13)$$

となる。両辺に $r^2/(RY)$ をかけて整理すると

$$-\frac{\hbar^2}{2m_e R}\left(r^2\frac{\partial^2}{\partial r^2}R+2r\frac{\partial}{\partial r}R\right)-\frac{Ze^2}{4\pi\varepsilon_0}r-Er^2=\frac{\hbar^2}{2m_e Y}\Lambda^2 Y \quad (3.14)$$

を得る。式 (3.14) の左辺は動径部分に関する微分方程式で，右辺は角度部分に関する微分方程式である。この方程式が成立するためには，式 (3.14) はある定数に等しくなければならない。この定数を $l(l+1)\hbar^2/(2m_e)$ とすれば，つぎの二つの方程式に分離できて

$$-\frac{\hbar^2}{2m_e}\left(\frac{d^2}{dr^2}+\frac{2}{r}\frac{d}{dr}\right)R(r)+\left\{-\frac{Ze^2}{4\pi\varepsilon_0 r}+\frac{l(l+1)\hbar^2}{2m_e r^2}\right\}R(r)=ER(r) \quad (3.15a)$$

$$\Lambda^2 Y(\theta,\phi)=l(l+1)Y(\theta,\phi) \quad (3.15b)$$

となる。これら方程式を解くには非常に煩雑な数学的手続きが必要となるので

24   3. 原子・分子の量子論

ここでは立ち入らないが，水素類似原子の波動関数は三つの量子数 n, l, m_l に依存し

$$\psi_{n,l,m_l}(r, \theta, \phi) = R_{n,l}(r) Y_{l,m_l}(\theta, \phi) \tag{3.16}$$

と表される。ここで，n は**主量子数**，l は**方位量子数**，m_l は**磁気量子数**と呼ばれる。これら量子数のとり得る範囲は

$$n = 1, 2, 3 \cdots \tag{3.17a}$$

$$l = 0, 1, 2, \cdots, n-1 \tag{3.17b}$$

$$m_l = 0, \pm 1, \pm 2, \cdots, \pm l \tag{3.17c}$$

である。式 (3.16) 中の $R_{n,l}(r)$ は動径 r にのみ依存する関数で，$Y_{l,m_l}(\theta, \phi)$ は角度 θ, ϕ に依存する関数である。**表3.1**にはいくつかの**動径波動関数**を，**表3.2**には角度部分の波動関数（**球面調和関数**）を示してある。なお，これら表中の e はネイピア数を表している。

表3.1 動径波動関数の例

$$R_{1,0} = 2\left(\frac{Z}{a_0}\right)^{3/2} \mathrm{e}^{-\sigma}$$

$$R_{2,0} = \frac{1}{2\sqrt{2}}\left(\frac{Z}{a_0}\right)^{3/2}(2-\sigma)\mathrm{e}^{-\sigma/2}$$

$$R_{2,1} = \frac{1}{2\sqrt{6}}\left(\frac{Z}{a_0}\right)^{3/2}\sigma\mathrm{e}^{-\sigma/2}$$

$$R_{3,0} = \frac{2}{81\sqrt{3}}\left(\frac{Z}{a_0}\right)^{3/2}(27-18\sigma+2\sigma^2)\mathrm{e}^{-\sigma/3}$$

$$R_{3,1} = \frac{4}{81\sqrt{6}}\left(\frac{Z}{a_0}\right)^{3/2}(6\sigma-\sigma^2)\mathrm{e}^{-\sigma/3}$$

$$R_{3,2} = \frac{4}{81\sqrt{30}}\left(\frac{Z}{a_0}\right)^{3/2}\sigma^2\mathrm{e}^{-\sigma/3}$$

表3.2 球面調和関数の例

$$Y_{0,0} = \frac{1}{\sqrt{4\pi}}$$

$$Y_{1,0} = \sqrt{\frac{3}{4\pi}}\cos\theta$$

$$Y_{1,\pm1} = \mp\sqrt{\frac{3}{8\pi}}\sin\theta\mathrm{e}^{\pm\mathrm{i}\phi}$$

$$Y_{2,0} = \sqrt{\frac{5}{16\pi}}(3\cos^2\theta-1)$$

$$Y_{2,\pm1} = \mp\sqrt{\frac{15}{8\pi}}\sin\theta\cos\theta\mathrm{e}^{\pm\mathrm{i}\phi}$$

$$Y_{2,\pm2} = \sqrt{\frac{15}{32\pi}}\sin^2\theta\mathrm{e}^{\pm2\mathrm{i}\phi}$$

ただし，$\sigma = Zr/a_0$, $a_0 = 4\pi\varepsilon_0\hbar^2/(m_e e^2)$ である。

水素類似原子のエネルギー固有値は主量子数 n にのみ依存し

$$E_n = -\frac{Z^2 m_e e^4}{8\varepsilon_0^2 h^2 n^2} = -\frac{Z^2 e^2}{8\pi\varepsilon_0 a_0 n^2} \tag{3.18}$$

で与えられる。ここで，a_0 は**ボーア（Bohr）半径**で

$$a_0 = \frac{4\pi\varepsilon_0 \hbar^2}{m_e e^2} = 52.92 \text{ pm} \tag{3.19}$$

である（p（ピコ）は10^{-12}を表す接頭語）。**図 3.3** には式 (3.18) で表される水素類似原子のエネルギー固有値を示した。ただし，$Z=1$（水素原子）としている。エネルギーは，電子が無限遠方にあるとき，つまり，$n \to \infty$（イオン化状態）を $E_\infty = 0$ とした負の値をとる。最安定状態（$n=1$）とイオン化状態（$n \to \infty$）のエネルギー差

$$\text{IE} = E_\infty - E_{n=1} = 13.6Z \text{ eV} \tag{3.20}$$

は水素類似原子の**イオン化エネルギー**に相当する。ここで，eVは電子ボルトと呼ばれるエネルギーの単位で，e の電荷をもつ粒子が1Vの電位差を抵抗なしに通過した場合に得るエネルギーである。したがって，1 eV = 1.6022×10^{-19} J である。

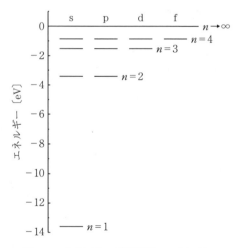

図 3.3 水素原子の電子状態のエネルギー（エネルギーは主量子数 n にのみ依存する）

3.2　水素原子の発光スペクトル

希薄な水素のガスに電圧を印加し放電させると発光する.この発光にはさまざまな波長の光が含まれるが,その可視光領域のスペクトルを**図 3.4** に示す.これらのスペクトル線の波長 λ の逆数(波数)は**リュードベリ(Rydberg)の式**

$$\frac{1}{\lambda} = R_\mathrm{H}\left(\frac{1}{n_1^2} - \frac{1}{n_2^2}\right), \quad (n_2 > n_1) \tag{3.21}$$

に従うことが経験的にわかっている.ここで R_H は水素原子のリュードベリ定数($R_\mathrm{H} = 109\,677.58\ \mathrm{cm}^{-1}$)である.この発光は水素原子の種々の電子状態間の遷移であるから,水素原子の量子力学的エネルギーを用いて説明することが可能である.式 (3.18) において,$Z=1$ として,量子数 n_2 の状態と量子数 n_1 の状態のエネルギー差 ΔE を求めると

$$\Delta E = E_{n_2} - E_{n_1} = \frac{e^2}{8\pi\varepsilon_0 a_0}\left(\frac{1}{n_1^2} - \frac{1}{n_2^2}\right) \tag{3.22}$$

となる.詳しくは 5 章で扱うが,光のエネルギー E_light と波長 λ の間には

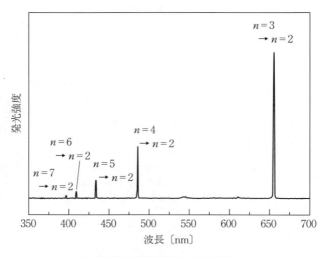

図 3.4　水素原子の可視光領域の放電発光スペクトル

$$E_{\text{light}} = \frac{hc}{\lambda} \tag{3.23}$$

の関係がある。ここで h はプランク定数，c は光速度である。量子状態のエネルギー差に相当するエネルギーをもつ光，つまり $\Delta E = E_{\text{light}}$ を満たす光のみが放出されるから，式 (3.22) より発光波長の逆数は

$$\frac{1}{\lambda} = \frac{e^2}{8\pi\varepsilon_0 a_0 ch}\left(\frac{1}{n_1^2} - \frac{1}{n_2^2}\right) = \frac{m_e e^4}{8\varepsilon_0^2 ch^3}\left(\frac{1}{n_1^2} - \frac{1}{n_2^2}\right) \tag{3.24}$$

となり，これはまさに経験的に得られた式 (3.21) とまったく等価である[†]。

3.3 原子軌道の特徴

水素類似原子の波動関数は三つの量子数で規定される。主量子数 n はエネルギーの大きさを表す量子数で，$n = 1, 2, 3, 4, \cdots$ に対して K, L, M, N, $\cdots$ と名前をつける。また，方位量子数 l は電子の軌道角運動量を表す量子数で $l = 0, 1, 2, 3, \cdots$ に対して s, p, d, f, $\cdots$ と名前をつける。

$n = 1$ のとき，$l = 0$ および $m_l = 0$ の量子数が許される。この電子軌道を **1s 軌道**という。**図 3.5** には水素類似原子の動径波動関数を示した。ただし，このとき $Z = 1$ としている。1s 波動関数の動径部分は，r に対して指数関数的に減少していく。また，角度依存項 $Y_{0,0}$ は定数であるから 1s 軌道は**図 3.6**（a）のような球対称な電子軌道である。

[†] リュードベリ定数 R は
$$R = \frac{\mu e^4}{8\varepsilon_0^2 ch^3}$$
で定義される。ここで μ は**換算質量**で，電子質量 m_e および原子核の質量 M を用いて
$$\frac{1}{\mu} = \frac{1}{m_e} + \frac{1}{M}$$
と定義される。式 (3.24) の係数 $m_e e^4/(8\varepsilon_0^2 ch^3)$ は原子核の質量が無限大の場合のリュードベリ定数で，これを $R_\infty (= 109\,737.32\ \text{cm}^{-1})$ と表記する。水素原子であれば，$M = m_p$（陽子の質量）として $R_H = 109\,677.58\ \text{cm}^{-1}$ となる。これらの違いは，原子核の運動エネルギーを無視して（つまり，原子核が無限に重いと近似して）水素類似原子の電子のエネルギーを取り扱ったことに起因する。厳密に取り扱うためには，式 (3.6) のハミルトニアン中の電子の質量を換算質量に置き換える必要がある。

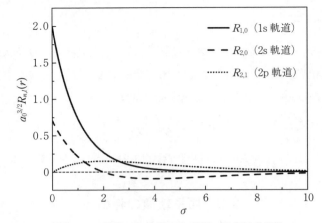

図 3.5 1s 軌道, 2s 軌道, 2p 軌道の動径波動関数

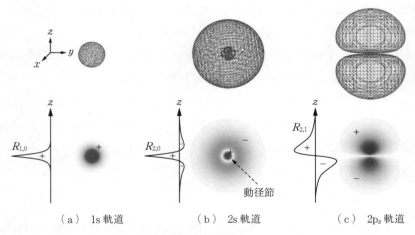

(a) 1s 軌道　　(b) 2s 軌道　　(c) 2p$_z$ 軌道

図 3.6 電子軌道の三次元的形状と断面図（図中の + および − の記号は波動関数の位相を表す）

$n=2$ の場合, $l=0$, $m_l=0$ および $l=1$, $m_l=0$, ± 1 の合計四つの状態が存在する。水素類似原子のエネルギーは n のみに依存するから, これら四つの量子

状態は同一のエネルギーをもつ。このように，異なる量子数で規定される量子状態が同一のエネルギー固有値を有していることを，**縮退しているという**（**縮退度**は $g_n = n^2$）。

$n=2$，$l=0$，$m_l=0$ の電子軌道を **2s 軌道**という（図（b））。2s 軌道の動径成分は，$r=2a_0/Z$ で $R_{2,0}=0$ となる。したがって，2s 波動関数は動径節をもち，その前後で波動関数の位相が異なる。

$n=2$，$l=1$，$m_l=0$ の電子軌道を **2p$_z$ 軌道**という。2p$_z$ 軌道の角度成分 $Y_{1,0}$ は，θ のみに依存する関数である。したがって，2p$_z$ 軌道は図（c）に示すように，z 軸まわりの回転に対して対称な形状をしている。また，xy 平面に節面をもつ。

$n=2$，$l=1$，$m_l=\pm 1$ の波動関数の角度部分 $Y_{1,\pm 1}$ は複素関数である。量子状態のエネルギーは主量子数 n にのみ依存する。つまり，動径波動関数がエネルギー固有値を規定するため，角度部分の波動関数の線形結合をとり，実関数化しても問題ない。電子軌道を空間に図示するために

$$-\frac{1}{\sqrt{2}}(Y_{1,1}-Y_{1,-1})=\sqrt{\frac{3}{4\pi}}\sin\theta\cos\phi \tag{3.25a}$$

$$\frac{\mathrm{i}}{\sqrt{2}}(Y_{1,1}+Y_{1,-1})=\sqrt{\frac{3}{4\pi}}\sin\theta\sin\phi \tag{3.25b}$$

という線形結合をとる。これら角度成分に動径波動関数 $R_{2,1}$ をかけた波動関数はそれぞれ x 軸方向および y 方向に伸びた（2p$_z$ 軌道を x 軸方向あるいは y 軸方向に倒した）形をしている。これらを **2p$_x$ 軌道**および **2p$_y$ 軌道**と呼ぶ。**表3.3** には，実関数化された水素類似原子の波動関数を示してある。

$n=3$ の場合，l と m_l のとり得る値は $l=0,1,2$ および $m_l=0,\pm 1,\pm 2$ である。$l=2$ のとき，五つの電子軌道が存在する。これらを **d 軌道**と呼ぶ。また，$n=4$ の場合，$l=0,1,2,3$ の値をとる。$l=3$ のとき，m_l の値に応じて七つの電子軌道が存在する。これらを **f 軌道**と呼ぶ。d 軌道や f 軌道は電子数の多い金属原子などで重要となってくる。

30   3. 原子・分子の量子論

表 3.3 水素類似原子の波動関数の実空間表示

1s 軌道	$\psi_{1s} = \dfrac{1}{\sqrt{\pi}}\left(\dfrac{Z}{a_0}\right)^{3/2}\mathrm{e}^{-\sigma}$
2s 軌道	$\psi_{2s} = \dfrac{1}{4\sqrt{2\pi}}\left(\dfrac{Z}{a_0}\right)^{3/2}(2-\sigma)\mathrm{e}^{-\sigma/2}$
2p$_z$ 軌道	$\psi_{2p_z} = \dfrac{1}{4\sqrt{2\pi}}\left(\dfrac{Z}{a_0}\right)^{3/2}\sigma\mathrm{e}^{-\sigma/2}\cos\theta$
2p$_x$ 軌道	$\psi_{2p_x} = \dfrac{1}{4\sqrt{2\pi}}\left(\dfrac{Z}{a_0}\right)^{3/2}\sigma\mathrm{e}^{-\sigma/2}\sin\theta\cos\phi$
2p$_y$ 軌道	$\psi_{2p_y} = \dfrac{1}{4\sqrt{2\pi}}\left(\dfrac{Z}{a_0}\right)^{3/2}\sigma\mathrm{e}^{-\sigma/2}\sin\theta\sin\phi$
3s 軌道	$\psi_{3s} = \dfrac{1}{81\sqrt{3\pi}}\left(\dfrac{Z}{a_0}\right)^{3/2}(27-18\sigma+2\sigma^2)\mathrm{e}^{-\sigma/3}$
3p$_z$ 軌道	$\psi_{3p_z} = \dfrac{2}{81\sqrt{2\pi}}\left(\dfrac{Z}{a_0}\right)^{3/2}(6\sigma-\sigma^2)\mathrm{e}^{-\sigma/3}\cos\theta$
3p$_x$ 軌道	$\psi_{3p_x} = \dfrac{2}{81\sqrt{2\pi}}\left(\dfrac{Z}{a_0}\right)^{3/2}(6\sigma-\sigma^2)\mathrm{e}^{-\sigma/3}\sin\theta\cos\phi$
3p$_y$ 軌道	$\psi_{3p_y} = \dfrac{2}{81\sqrt{2\pi}}\left(\dfrac{Z}{a_0}\right)^{3/2}(6\sigma-\sigma^2)\mathrm{e}^{-\sigma/3}\sin\theta\sin\phi$
3d$_{z^2}$ 軌道	$\psi_{3d_{z^2}} = \dfrac{1}{81\sqrt{6\pi}}\left(\dfrac{Z}{a_0}\right)^{3/2}\sigma^2\mathrm{e}^{-\sigma/3}(3\cos\theta-1)$
3d$_{xz}$ 軌道	$\psi_{3d_{xz}} = \dfrac{2}{81\sqrt{2\pi}}\left(\dfrac{Z}{a_0}\right)^{3/2}\sigma^2\mathrm{e}^{-\sigma/3}\sin\theta\cos\theta\cos\phi$
3d$_{yz}$ 軌道	$\psi_{3d_{yz}} = \dfrac{2}{81\sqrt{2\pi}}\left(\dfrac{Z}{a_0}\right)^{3/2}\sigma^2\mathrm{e}^{-\sigma/3}\sin\theta\cos\theta\sin\phi$
3d$_{x^2-y^2}$ 軌道	$\psi_{3d_{x^2-y^2}} = \dfrac{1}{81\sqrt{2\pi}}\left(\dfrac{Z}{a_0}\right)^{3/2}\sigma^2\mathrm{e}^{-\sigma/3}\sin^2\theta\cos 2\phi$
3d$_{xy}$ 軌道	$\psi_{3d_{xy}} = \dfrac{1}{81\sqrt{2\pi}}\left(\dfrac{Z}{a_0}\right)^{3/2}\sigma^2\mathrm{e}^{-\sigma/3}\sin^2\theta\sin 2\phi$

ただし，$\sigma = Zr/a_0$，$a_0 = 4\pi\varepsilon_0\hbar^2/(m_e e^2)$ である。

3.4 波動関数の空間的広がり

つぎに水素類似原子の波動関数の空間的広がりに関して説明しよう。極座標
系における体積素片 dτ は式 (3.9) で与えられる。したがって，微小体積 dτ 中

に電子を見出す確率は

$$|\psi_{n,l,m_l}|^2 d\tau = |R_{n,l}|^2 |Y_{l,m_l}|^2 r^2 \sin\theta\, dr\, d\theta\, d\phi \tag{3.26}$$

となる。$r \sim r+dr$ の領域に電子を見出す確率 $P dr$ は，角度部分を積分して

$$P dr = r^2 |R_{n,l}|^2 dr \int_0^\pi \int_0^{2\pi} |Y_{l,m_l}|^2 \sin\theta\, d\theta d\phi = r^2 |R_{n,l}|^2 dr \tag{3.27}$$

で与えられる。この P を**動径分布関数**という。球対称な系であれば

$$P dr = 4\pi r^2 |\psi_{n,l,m_l}|^2 dr \tag{3.28}$$

となる。これは球の表面積 $4\pi r^2$ と球殻の厚み dr と波動関数の 2 乗をかけたものである。したがって，$P dr$ は半径 r，厚さ dr の球殻内に電子を見出す確率を表している（**図3.7**）。

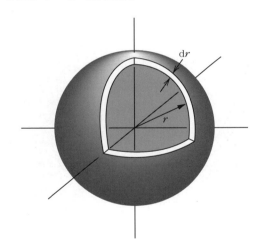

図3.7 半径 r，厚さ dr の球殻

さて，1s 電子の動径分布関数は

$$P_{1s} = \frac{4Z^3}{a_0^3} r^2 e^{-2Zr/a_0} \tag{3.29}$$

である。この動径分布関数を**図3.8**（a）に示した。ただし，$Z=1$ として示している。動径分布関数は r に対して極大をもつ。この極大値を与える，最大確率半径 $r_{\max,1s}$ は動径分布関数を r で微分して 0 とおくと

$$\frac{d}{dr} P_{1s} = \frac{4Z^3}{a_0^3} \frac{d}{dr} r^2 e^{-2Zr/a_0} = \frac{8Z^3}{a_0^3}\left(r - \frac{Zr^2}{a_0}\right) e^{-2Zr/a_0} = 0 \tag{3.30}$$

3. 原子・分子の量子論

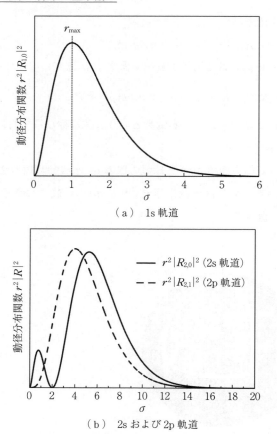

(a) 1s 軌道

(b) 2s および 2p 軌道

図 3.8 動径分布関数

だから

$$r_{\max, 1s} = \frac{a_0}{Z} \tag{3.31}$$

となる。したがって，1s 電子は $r = a_0/Z$ の場所で見出される確率が最も高い。同様に，2s 電子や 2p 電子は

$$r_{\max, 2s} = \frac{(3-\sqrt{5})a_0}{Z}, \ \frac{(3+\sqrt{5})a_0}{Z} \tag{3.32}$$

$$r_{\max, 2p} = \frac{4a_0}{Z} \tag{3.33}$$

で見出される確率が最も高い（演習問題 3.4）。図（b）には 2s 軌道および 2p 軌道の動径分布関数を示してある。

3.5 多電子原子の電子配置

N 個の電子をもつ多電子原子の電子に関するハミルトニアンは

$$\hat{H} = -\frac{\hbar^2}{2m_e} \sum_{i=1}^{N} \nabla_i^2 - \frac{Ze^2}{4\pi\varepsilon_0} \sum_{i=1}^{N} \frac{1}{r_i} + \frac{e^2}{4\pi\varepsilon_0} \sum_{i>j} \frac{1}{r_{ij}} \qquad (3.34)$$

と書ける。ここで，右辺第一項は電子の運動エネルギー，第二項は原子核と電子の間に働くクーロンポテンシャル，第三項は電子間反発項を表す。したがって，N 電子系のシュレディンガー方程式は

$$\left(-\frac{\hbar^2}{2m_e} \sum_{i=1}^{N} \nabla_i^2 - \frac{Ze^2}{4\pi\varepsilon_0} \sum_{i=1}^{N} \frac{1}{r_i} + \frac{e^2}{4\pi\varepsilon_0} \sum_{i>j} \frac{1}{r_{ij}} \right) \psi(\boldsymbol{r}_1, \boldsymbol{r}_2, \cdots, \boldsymbol{r}_N) = E\psi(\boldsymbol{r}_1, \boldsymbol{r}_2, \cdots, \boldsymbol{r}_N)$$

$$(3.35)$$

となる。ここで，$\psi(\boldsymbol{r}_1, \boldsymbol{r}_2, \cdots, \boldsymbol{r}_N)$ は N 個の電子の状態を表す固有関数であり，E は全電子エネルギーである。

式（3.35）で表される多電子原子のシュレディンガー方程式は解析的に解くことができない。そこで，平均場近似という考え方を導入する。i 番目の電子に着目すると，この電子は原子核からの引力と他の電子からの反発力を受けて運動する。i 番目の電子と他の電子は，たがいに作用を及ぼし合う関係にあり，それらの相互作用は他の電子との位置関係に依存するが，ここではすべてを無視して他の電子が作る電場を平均的な静電場で近似する。例えば，**図 3.9** に示すような，原子核のまわりに 1s 電子が一つと，遠くの軌道に一つの電子がある極端な状況を考えよう。電子 2 から原子核を眺めると，原子核と電子 1 が一体となって見えるであろう。原子核から受ける引力が周囲の電子によって見かけ上減少している，つまり，まわりの電子によって核の電荷が遮蔽されていると考える。この見かけ上の核電荷を**有効核電荷**といい，**遮蔽定数** σ を用いて

$$Z_{\text{eff}}e = (Z - \sigma)e \qquad (3.36)$$

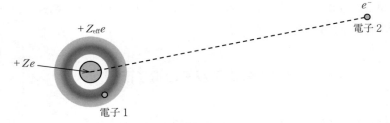

図 3.9　二電子系の遮蔽効果
（電子 1 は核の電荷を遮蔽するので，電子 2 が
感じる実効的な核電荷は Ze よりも小さくなる）

と表される．このように，着目する電子以外の電子は核の電荷を遮蔽する役割を果たすと考え，電子を一つずつ独立に考える近似法を独立粒子近似という．この近似は多電子原子中の電子と原子核との相互作用を最も単純化した近似であるが，多電子原子の電子構造をうまく説明することができる．

この近似のもとで，多電子系のハミルトニアンは

$$\hat{H} = \sum_{i=1}^{N} \hat{h}_i \tag{3.37a}$$

$$\hat{h}_i = -\frac{\hbar^2}{2m_e}\nabla_i^2 - \frac{(Z-\sigma)e^2}{4\pi\varepsilon_0 r_i} = -\frac{\hbar^2}{2m_e}\nabla_i^2 - \frac{Z_{\mathrm{eff},i}\, e^2}{4\pi\varepsilon_0 r_i} \tag{3.37b}$$

と書くことができる．ここで，$\hat{h}_i$ は i 番目の電子のハミルトニアンである．式 (3.37b) で与えられる一電子ハミルトニアンは，Z が Z_{eff} になっているが，まさに水素類似原子のハミルトニアンと同じである．したがって，i 番目の電子の波動関数は n, l, m_l の量子数を用いて表すことができる．i 番目の電子の状態やエネルギーについては，φ_i を電子 i に関する波動関数として

$$\hat{h}_i \varphi_i(\boldsymbol{r}_i) = \varepsilon_i \varphi_i(\boldsymbol{r}_i) \tag{3.38}$$

が成立する．このように，原子のハミルトニアンがおのおのの電子のハミルトニアンの和で書ける場合，その原子の波動関数と全電子エネルギーは

$$\psi(\boldsymbol{r}_1, \boldsymbol{r}_2, \cdots, \boldsymbol{r}_N) = \varphi_1(\boldsymbol{r}_1)\varphi_2(\boldsymbol{r}_2)\cdots\varphi_N(\boldsymbol{r}_N) \tag{3.39a}$$

$$E = \varepsilon_1 + \varepsilon_2 + \cdots + \varepsilon_N \tag{3.39b}$$

と書くことができる．

3.5 多電子原子の電子配置 35

電子が原子核の近くまで入り込めば原子中の他の電子によって反発される度合いが小さくなるから、その電子が感じる有効核電荷 $Z_{\text{eff}}e$ は核電荷 Ze に近くなる。ある一つの電子が、他の電子が作る殻の内側まで入り込むことを**貫入**するという。例えば、2s 電子は 1s 電子の内側まで貫入している（図 3.8 の動径分布関数の一つ目の極大に注目）。その一方、2p 電子は 1s 電子や 2s 電子に比べて遠くに分布する。つまり、2p 電子は原子核近くにある他の電子によって強く遮蔽された実効的な核電荷を感じる。したがって、2s 電子と 2p 電子を比較した際、より強く核電荷の影響を受ける 2s 電子のほうが安定である。このような効果による軌道の安定化の度合いは方位量子数 l に依存し、ns $>$ np $>$ nd $>$ nf となる。したがって、電子軌道のエネルギーは、ns $<$ np $<$ nd $<$ nf となる。**表 3.4** には量子化学計算によって得られた、電子軌道のエネルギーを示した。

つぎに考える問題は、N 個の電子はそれぞれどの軌道に入るのかということになる。複数の電子をもつ原子の場合、あるルールに従って軌道に電子が収容されていく。一般に、電子はエネルギーの低い軌道から順に入っていくが、2 個以上の電子が同じ軌道に入ることはできない。多くの多電子原子の軌道エネルギーは 1s, 2s, 2p, 3s, 3p, (4s, 3d), 4p, (5s, 4d), 5p, (6s, 4f, 5d), 6p, …の順番になる。カッコ内の順序が逆になる場合もある。

また、電子には**電子スピン**と呼ばれる量子力学的性質が存在する。電子スピンはすべての電子がもっている固有の角運動量で、その量子数 s（**スピン量子数**）はすべての電子について $1/2$ である。また、**スピン磁気量子数** m_s は電子スピンの向きを表す量子数で、$m_s = \pm 1/2$ の値をとる。$m_s = 1/2$ の状態を α スピン（上向きスピン）、$m_s = -1/2$ の状態を β スピン（下向きスピン）という。電子の状態は (n, l, m_l, s, m_s) の五つの量子数で記述するが、これらの組合せが同じ電子は存在できない。これを**パウリ（Pauli）の排他原理**という。パウリの排他原理によれば、一つの軌道に二つの電子が収容される場合、スピンの向きを反対に収容される。

36　　3. 原子・分子の量子論

表 3.4 原子の軌道エネルギー[2]†

原　子	1s	2s	2p	3s	3p	4s
H	-13.606					
He	-24.981					
Li	-67.423	$-5.341\,7$				
Be	-128.79	$-8.416\,7$				
B	-209.40	-13.462	$-8.433\,0$			
C	-308.20	-19.201	-11.794			
N	-425.30	-25.724	-15.446			
O	-562.44	-33.860	-17.195			
F	-717.93	-42.791	-19.865			
Ne	-891.79	-52.530	-23.141			
Na	$-1\,101.5$	-76.112	-41.311	$-4.955\,3$		
Mg	$-1\,334.3$	-102.52	-62.101	$-6.884\,6$		
Al	$-1\,591.9$	-133.63	-87.576	-10.705	$-5.714\,5$	
Si	$-1\,872.5$	-167.53	-115.81	-14.692	$-8.082\,0$	
P	$-2\,176.1$	-204.39	-146.97	-18.950	-10.656	
S	$-2\,503.6$	-245.03	-181.84	-23.936	-11.903	
Cl	$-2\,854.0$	-288.66	-219.67	-29.201	-13.783	
Ar	$-3\,227.6$	-335.31	-260.46	-34.761	-16.082	
K	$-3\,633.6$	-394.30	-313.46	-47.588	-25.971	$-4.011\,0$
Ca	$-4\,064.4$	-457.79	-370.87	-61.102	-36.483	$-5.319\,9$

†単位は〔eV〕である。

　2p 軌道（$n=2$，$l=1$）には $m_l=-1, 0, 1$ の三つの軌道が存在する。これら軌道は縮退しており，エネルギーは同じである。これら縮退した軌道に電子が入る場合，その入り方にはいくつかの可能性が考えられるが，できるだけ異なる軌道に電子スピンの向きを揃えて収容された**電子配置**が最も安定となる。これを**フント（Hund）の規則**という。これらの規則より，多電子原子の電子配置を書き下すことができる。例えば窒素原子であれば，**図 3.10** に示すように，$(1s)^2(2s)^2(2p)^3$ の電子配置が基底状態となる。

　希ガス原子の電子配置は**閉殻**と呼ばれ，非常に安定な電子配置である。正確には，主量子数 n と方位量子数 l で指定される軌道（副殻という）が電子で満

3.5 多電子原子の電子配置　37

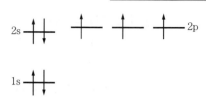

図3.10 窒素原子の電子配置
（2p軌道には三つの電子がスピンの向きを揃えて収容される）

たされている状態を閉殻という．アルカリ金属原子は電子を一つ放出することで閉殻になる．したがって，アルカリ金属原子はイオン化しやすい．第一イオン化エネルギーは，最外殻の電子を一つ取り除くのに必要なエネルギーで，最外殻電子の軌道のエネルギーの符号を変えたものである．すなわち

$$\mathrm{IE} = -E_\mathrm{M} \tag{3.40}$$

で定義される．**図3.11**には原子番号が20番までの原子の第一イオン化エネルギーを示した．このイオン化エネルギーの周期的構造は，有効核電荷と軌道の主量子数から定性的に説明できる．同一周期内，例えばLiからNeで見ると，原子番号の増加とともにイオン化エネルギーは増加し，希ガス原子で最大となる．原子番号が増加すれば，原子核の電荷も増加する．つまり，有効核電荷が

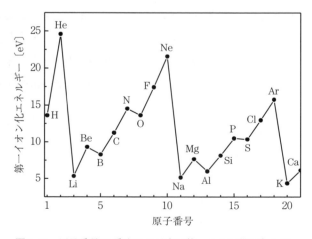

図3.11 原子番号20番までの元素の第一イオン化エネルギー

増加し，電子はより強く原子核に引きつけられるので，軌道エネルギーが低下し，したがってイオン化エネルギーは増加する。つぎの周期に移ると，例えばNeからNaに移る場合，主量子数が増加するので，電子は原子核からより離れたところに分布する。したがって軌道エネルギーは増加し，イオン化エネルギーは低下する。

3.6 H_2^+分子の分子軌道

原子どうしがたがいに接近すると，化学結合が形成され分子を構成する。ここからは化学結合を量子力学の原理に基づいて議論しよう。まずは最も簡単な分子であるH_2^+分子を取り扱おう。この分子は図3.12に示すような，二つの原子核と一つの電子から構成される二中心一電子系である。この系のハミルトニアンは

$$\hat{H} = -\frac{\hbar^2}{2M}(\nabla_A^2 + \nabla_B^2) - \frac{\hbar^2}{2m_e}\nabla_e^2 - \frac{e^2}{4\pi\varepsilon_0 r_A} - \frac{e^2}{4\pi\varepsilon_0 r_B} + \frac{e^2}{4\pi\varepsilon_0 r} \tag{3.41}$$

で与えられる。ここでMは水素原子核の質量，m_eは電子の質量である。右辺第一項は二つの原子核の運動エネルギー，第二項は電子の運動エネルギー，第三項は原子核Aと電子のクーロンポテンシャル，第四項は原子核Bと電子のクーロンポテンシャル，第五項は原子核間のクーロンポテンシャルである。原子核の質量は電子の質量に比べて非常に重いので，電子の運動を考える際には核の運動を無視してよい。これを**ボルン-オッペンハイマー（Born-Oppenheimer）**

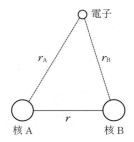

図3.12 H_2^+イオンの座標系

近似という。ボルン–オッペンハイマー近似のもとでのハミルトニアンは，原子核の運動エネルギーに関する項を無視して

$$\hat{H} = -\frac{\hbar^2}{2m_e} \nabla_e^2 - \frac{e^2}{4\pi\varepsilon_0 r_A} - \frac{e^2}{4\pi\varepsilon_0 r_B} + \frac{e^2}{4\pi\varepsilon_0 r} \tag{3.42}$$

となる。ここで，右辺第四項は原子核間の距離 r を一定とすれば定数である。じつはこの系のシュレディンガー方程式は厳密に解くことができるが，それは H_2^+ 分子のみに適応できる複雑で特殊な方法であり一般的ではない。ここでは，他の分子にも広く適用できる近似方法を用いて，化学結合の本質を理解しよう。

H_2^+ 分子の中の電子は，分子全体にわたって広く分布しているが，まずは極端な場合を考えよう。電子が原子核 A のすぐそばにある場合，分子全体の電子分布を表す波動関数 Ψ は

$$\Psi = \psi_A(\boldsymbol{r}_A) \tag{3.43}$$

と表される。ここで $\psi_A(\boldsymbol{r}_A)$ は水素原子の 1s 波動関数（原子軌道関数）である。一方，電子が原子核 B のすぐそばにある場合

$$\Psi = \psi_B(\boldsymbol{r}_B) \tag{3.44}$$

となる。実際の分子では，これら極限的状況の中間的な状態にあると考えられるから，分子の波動関数を，構成する**原子軌道の線形結合**（LCAO）で近似する。すなわち

$$\Psi = c_A\psi_A + c_B\psi_B \tag{3.45}$$

である。この分子全体の波動関数を**分子軌道関数**という。各原子軌道に対する係数 c_A, c_B に対して最も適切な値を選ぶことで，H_2^+ 分子の近似的な波動関数として最適なものを求めていこう。

式 (3.45) で与えられる分子軌道関数は，式 (3.42) に示されるハミルトニアンの固有関数ではない。このような場合，エネルギーの期待値

$$\varepsilon = \frac{\displaystyle\int \Psi^*\hat{H}\Psi \mathrm{d}\tau}{\displaystyle\int \Psi^*\Psi \mathrm{d}\tau} \tag{3.46}$$

40　　3.　原子・分子の量子論

が計算できる。詳しい証明は省略するが，近似波動関数 Ψ を用いて計算した
エネルギーの期待値 ε は，真の固有関数 Ψ_0 に対応する真の固有エネルギー E_0
と比べて必ず大きくなることが保証されている。すなわち

$$\varepsilon \geqq E_0 \tag{3.47}$$

である。これを**変分原理**という。近似波動関数に真の固有関数を選んだ場合に
のみ，等号が成立する。したがって，式 (3.45) 中の係数 c_A, c_B に最適な値を
選んだとき，真の固有値 E_0 に最も近い近似エネルギー ε が得られる。

原子軌道関数に水素原子の 1s 軌道を用いると，ψ_A および ψ_B は実関数であ
るから，式 (3.46) の分子は

$$\int \Psi \hat{H} \Psi \mathrm{d}\tau = c_A^2 \int \psi_A \hat{H} \psi_A \mathrm{d}\tau + 2c_A c_B \int \psi_A \hat{H} \psi_B \mathrm{d}\tau + c_B^2 \int \psi_B \hat{H} \psi_B \mathrm{d}\tau \tag{3.48}$$

となる。また，分母は

$$\int \Psi^2 \mathrm{d}\tau = c_A^2 + 2c_A c_B \int \psi_A \psi_B \mathrm{d}\tau + c_B^2 \tag{3.49}$$

となる。ここで，ψ_A および ψ_B は規格化された原子軌道関数であるから

$$\int \psi_A^2 \mathrm{d}\tau = \int \psi_B^2 \mathrm{d}\tau = 1 \tag{3.50}$$

である。さらに，式を簡単にするために

$$\alpha = \int \psi_A \hat{H} \psi_A \mathrm{d}\tau = \int \psi_B \hat{H} \psi_B \mathrm{d}\tau \tag{3.51a}$$

$$\beta = \int \psi_A \hat{H} \psi_B \mathrm{d}\tau = \int \psi_B \hat{H} \psi_A \mathrm{d}\tau \tag{3.51b}$$

$$S = \int \psi_A \psi_B \mathrm{d}\tau = \int \psi_B \psi_A \mathrm{d}\tau \tag{3.51c}$$

と定義する。これら積分はそれぞれ，**クーロン積分**，**共鳴積分**，**重なり積分**と
呼ばれる。これらを用いると，エネルギーの期待値は

$$\varepsilon(c_A, c_B) = \frac{c_A^2 \alpha + 2c_A c_B \beta + c_B^2 \alpha}{c_A^2 + 2c_A c_B S + c_B^2} \tag{3.52}$$

となる。エネルギーの極小値を与える最適な c_A, c_B を求めるために，式 (3.52)
を c_A で偏微分すると

3.6 H$_2^+$分子の分子軌道 **41**

$$(2c_A + 2c_B S)\varepsilon + (c_A^2 + 2c_A c_B S + c_B^2)\frac{\partial\varepsilon}{\partial c_A} = 2c_A\alpha + 2c_B\beta \tag{3.53}$$

となるから，極小条件 $\partial\varepsilon/\partial c_A = 0$ を適用すると

$$c_A(\alpha - \varepsilon) + c_B(\beta - S\varepsilon) = 0 \tag{3.54}$$

を得る。同様に，式 (3.52) を c_B で偏微分して整理すれば

$$c_A(\beta - S\varepsilon) + c_B(\alpha - \varepsilon) = 0 \tag{3.55}$$

が得られる。式 (3.54) と式 (3.55) は連立方程式であり，行列で書けば次式となる。

$$\begin{pmatrix} \alpha - \varepsilon & \beta - S\varepsilon \\ \beta - S\varepsilon & \alpha - \varepsilon \end{pmatrix}\begin{pmatrix} c_A \\ c_B \end{pmatrix} = 0 \tag{3.56}$$

この連立方程式が $c_A = c_B = 0$ 以外の物理的意味のある解をもつためには

$$\begin{vmatrix} \alpha - \varepsilon & \beta - S\varepsilon \\ \beta - S\varepsilon & \alpha - \varepsilon \end{vmatrix} = 0 \tag{3.57}$$

という**永年行列式**が成立しなければならない。式 (3.57) を展開すれば，ε に関する二次方程式

$$(\alpha - \varepsilon)^2 - (\beta - S\varepsilon)^2 = (\alpha - \varepsilon + \beta - S\varepsilon)(\alpha - \varepsilon - \beta + S\varepsilon) = 0 \tag{3.58}$$

となるから，二つの解

$$\varepsilon_1 = \frac{\alpha + \beta}{1 + S} \tag{3.59a}$$

$$\varepsilon_2 = \frac{\alpha - \beta}{1 - S} \tag{3.59b}$$

が得られる。

式 (3.59a) を式 (3.56) に代入し，c_A, c_B の最適値を求めよう。

$$(\alpha S - \beta)c_A + (\beta - \alpha S)c_B = 0 \tag{3.60}$$

となるから

$$c_A = c_B = c \tag{3.61}$$

となる。これを式 (3.45) に代入すると

$$\Psi_1 = c(\psi_A + \psi_B) \tag{3.62}$$

を得る。この分子軌道関数を規格化し，定数 c を求めよう。

$$\int \Psi_1^2 \mathrm{d}\tau = c^2\left(\int \psi_A^2 \mathrm{d}\tau + 2\int \psi_A\psi_B \mathrm{d}\tau + \int \psi_B^2 \mathrm{d}\tau\right) = c^2(2+2S) = 1 \tag{3.63}$$

であるから、ε_1 に対応する分子軌道関数 Ψ_1 は

$$\Psi_1 = \frac{1}{\sqrt{2(1+S)}}(\psi_A + \psi_B) \tag{3.64}$$

となる。同様に、ε_2 に対する規格化された分子軌道関数 Ψ_2 は

$$\Psi_2 = \frac{1}{\sqrt{2(1-S)}}(\psi_A - \psi_B) \tag{3.65}$$

となる（演習問題3.6）。

つぎに、式 (3.51a, b, c) で定義した分子積分 α, β, S に関して考えよう。式 (3.51c) で定義される積分 S は、重なり積分と呼ばれ、**図3.13** のように、ある核間距離 r における二つの原子軌道の重なりを表す。核間距離 r が変われば原子軌道の重なりは変わるから、重なり積分 S は核間距離 r の関数である。二つの原子核が離れると原子軌道の重なりが小さくなり、$r \to \infty$ の極限で重なり積分は0になる。また、二つの原子核が完全に重なっている場合、つまり $r=0$ では $\psi_A = \psi_B$ となるから、$S=1$ である。楕円体座標系を用いた少々面倒な積分計算の結果、二つの水素原子の1s軌道の重なり積分は

$$S = \left\{1 + \frac{r}{a_0} + \frac{1}{3}\left(\frac{r}{a_0}\right)^2\right\}e^{-r/a_0} \tag{3.66}$$

と計算される。**図3.14** には、重なり積分の核間距離依存性を示した。

式 (3.51a) で定義される積分 α をクーロン積分、式 (3.51b) で表される積分

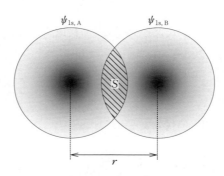

図3.13 重なり積分

3.6 H$_2^+$分子の分子軌道

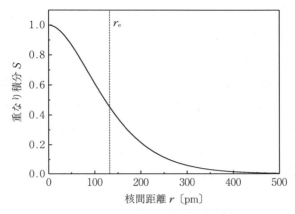

図3.14 重なり積分の核間距離依存性

β を共鳴積分と呼ぶ。詳細は省略するが，これらも核間距離の関数であり

$$\alpha = E_{1s} - \frac{e^2}{4\pi\varepsilon_0 r}\left\{1-\left(1+\frac{r}{a_0}\right)e^{-2r/a_0}\right\} + \frac{e^2}{4\pi\varepsilon_0 r} \tag{3.67}$$

$$\beta = E_{1s}S - \frac{e^2}{4\pi\varepsilon_0 a_0}\left(1+\frac{r}{a_0}\right)e^{-r/a_0} + \frac{e^2}{4\pi\varepsilon_0 r}S \tag{3.68}$$

と表される。ここで，E_{1s} は水素原子の 1s エネルギー（-13.6 eV），S は式 (3.66) で与えられる重なり積分である。**図3.15** にはクーロン積分および共鳴積分の核間距離依存性を示した。

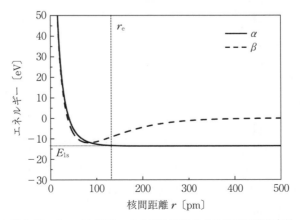

図3.15 クーロン積分 α および共鳴積分 β の核間距離依存性

二つの分子軌道のエネルギーは，式 (3.59a) および式 (3.59b) で与えられる。核間距離に対してこれら分子軌道のエネルギーをプロットすると，**図 3.16** のようになる。いかなる r の値に対しても $\varepsilon_1 < \varepsilon_2$ であるので，Ψ_1 が最安定の分子軌道関数である。また，ε_1，ε_2 ともに $r \to 0$ では無限大に発散する。これは核間のクーロン反発の効果である。一方，$r \to \infty$ では水素原子の固有エネルギー E_{1s} に漸近する。これは $H_2^+ \to H(1s) + H^+$ という**解離限界**（解離極限）に対応する。ε_2 は r の増加に対してなだらかに減少するのに対し，ε_1 は $r = 132$ pm（**平衡核間距離** r_e）で極小値をもつ。つまり，H 原子と H^+ イオンが別々に存在するよりもエネルギーが低く安定であり，化学結合が形成されていることを意味している。ε_1 が極小値をもつのは，おもに共鳴積分の効果である（図3.15 参照）。ε_1 は $r = 132$ pm において，E_{1s} よりも 1.763 eV 安定である。この値は H_2^+ 分子の結合エネルギーである。実測値は，平衡核間距離が 106 pm，結合エネルギーが 2.775 eV である。今回用いた単純なモデルでは実測値との一致はあまりよくないが，近似の程度を上げることで実測値をほぼ完全に再現することができる。

あらためて分子軌道関数について考えよう。ε_1 に対応する分子軌道関数 Ψ_1 は**図 3.17**（a）に示すような概形をしている。原子核 A と原子核 B の間で二

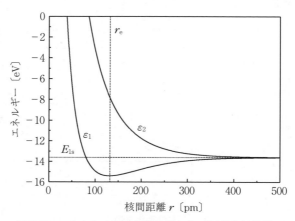

図 3.16 H_2^+ イオンの結合性軌道および反結合性軌道のエネルギー曲線（ポテンシャルエネルギー曲線）

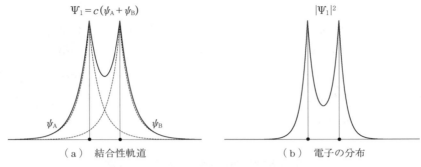

(a) 結合性軌道　　　　　　　(b) 電子の分布

図 3.17 H_2^+イオンの結合性軌道と電子の分布

つの原子軌道 ψ_A と ψ_B が重なり合っている。図（b）には $|\Psi_1|^2$ の概形を示した。電子の存在確率は $|\Psi_1|^2 d\tau$ で表されるが，原子核 A と原子核 B の間にも電子が分布することがわかるだろう。つまり，この分子軌道は「化学結合を作る軌道」であり，これを**結合性軌道**と呼ぶ。

その一方で，**図 3.18**（a）に示すような ε_2 に対応する分子軌道関数 Ψ_2 は二つの原子軌道が逆の符号で重なり合っている。そのため，ψ_A と ψ_B が打ち消し合い，二つの原子核の中間で $\Psi_2=0$ となる節面が存在する。また，図（b）には $|\Psi_2|^2$ の概形を示した。$|\Psi_2|^2$ は二つの原子核周辺に局在化しており，二つの原子核の中間で 0 となる。つまり，二つの原子核の間に電子が分布していないのである。したがって，この分子軌道は「化学結合を作らない軌道」であり，これを**反結合性軌道**と呼ぶ。

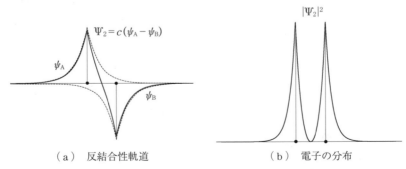

(a) 反結合性軌道　　　　　　　(b) 電子の分布

図 3.18 H_2^+イオンの反結合性軌道と電子の分布

46　　　3. 原子・分子の量子論

　二つの原子核は正の電荷をもつ。電子が存在しなければ正の電荷どうしの反発により，二つの原子核は遠ざかるほうが安定である。結合性軌道の場合，二つの原子核の間に電子がある程度存在する。負の電荷をもつ電子が二つの原子核を結びつける役割を果たすのである。一方，反結合性軌道の場合，二つの原子核の間に電子がまったく存在しない領域ができる。その結果，二つの原子核は遠ざかり，分子は解離するのである。

3.7　等核二原子分子の分子軌道

　前節では，一電子系 H_2^+ 分子のシュレディンガー方程式の解である分子軌道関数を，原子軌道関数の線形結合（LCAO）で近似した。二原子分子では二つの原子軌道から二つの分子軌道すなわち，結合性軌道と反結合性軌道が形成される。ここでは，分子軌道形成のルールを説明し，他の原子軌道から作られる分子軌道について説明しよう。分子軌道形成のルールは以下の三つである。

（1）分子軌道を構成する際，おもに固有エネルギーが近い原子軌道どうしが相互作用する。

（2）同じ対称性の軌道間で相互作用が起きる。

（3）原子軌道の重なり積分が大きいほど結合性軌道はより安定化し，反結合性軌道はより不安定化する。

　H_2^+ 分子で考えたように，二つの 1s 軌道から分子軌道が形成される場合，同位相で相互作用すると結合性軌道，逆位相で相互作用すると反結合性軌道が作られる。これらの分子軌道を LCAO 近似で表せば

$$\Psi_{\sigma_g 1s} = \psi_{1s, A} + \psi_{1s, B} \tag{3.69a}$$

$$\Psi_{\sigma_u 1s} = \psi_{1s, A} - \psi_{1s, B} \tag{3.69b}$$

となる。ただし，規格化定数は省略した。**図 3.19** にはこれら結合性軌道と反結合性軌道の概略図を示した。

　分子軌道の特徴を表すために，対称性を用いて分類する。図に描かれている分子軌道は，分子軸（z 軸とする）のまわりに軸対称である。このような分子

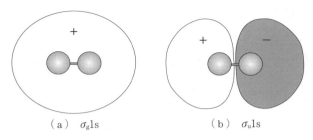

図 3.19 1s 軌道から作られる σ 軌道

軌道を **σ 軌道**という。また，二つの核の中点に関する反転操作 $(x,y,z) \to (-x, -y, -z)$ に対して，符号が変わらない分子軌道に g (***gerade***)，符号が変わる分子軌道に u (***ungerade***) をつけて区別する。したがって，二つの 1s 軌道から作られる結合性軌道は $\sigma_g 1s$ 軌道，反結合性軌道は $\sigma_u 1s$ 軌道と呼ばれる。反結合性軌道に * をつけて区別する場合もある（σ^* など）。結合性軌道は通常の核間距離では原子軌道よりも安定である。一方，反結合性軌道は原子軌道よりも不安定な軌道である。これら軌道のエネルギーには，$\sigma_g 1s < 1s < \sigma_u 1s$ の関係がある。

二つの 2s 軌道から作られる分子軌道は，基本的には 1s 軌道から作られる分子軌道と同様であるが，節がある点において異なる。結合性軌道および反結合性軌道はそれぞれ

$$\Psi_{\sigma_g 2s} = \psi_{2s, A} + \psi_{2s, B} \tag{3.70a}$$

$$\Psi_{\sigma_u 2s} = \psi_{2s, A} - \psi_{2s, B} \tag{3.70b}$$

である。**図 3.20** には二つの 2s 軌道から作られる分子軌道の概略を示した。結

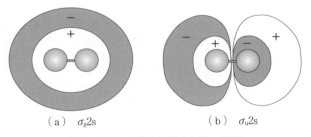

図 3.20 2s 軌道から作られる σ 軌道

合性軌道は σ_g 軌道，反結合性軌道は σ_u 軌道である．

2s 軌道は 1s 軌道と比較して，空間的に広く分布しているため，二つの 2s 軌道間の重なり積分は 1s 軌道間と比べて大きい値をもつ．したがって，2s 軌道から作られる分子軌道は，1s 軌道から作られる分子軌道と比べ，結合性軌道はより安定化し，反結合性軌道はより不安定化する．

等核二原子分子においては，1s 軌道と 2s 軌道の組合せから作られる分子軌道を考慮する必要はない．1s 軌道と 2s 軌道のエネルギーは十分に離れており，これら軌道間の相互作用は無視できるほど小さい（表 3.4 参照）．

つぎに，2p 軌道から作られる分子軌道を考えよう．2p 軌道は空間的な方向性から 3 種類の軌道が存在するが，異なる方向に伸びた軌道間に相互作用はない（分子軌道形成のルール（2）を参照）．**図 3.21**（a）には $2p_y$ 軌道と $2p_z$ 軌道の空間的重なりを示した．図中の二つの斜線部分の符号は逆であり，これらが打ち消しあうことで重なり積分が 0 となる．また，エネルギー的に隣接した 2s 軌道との相互作用も考える必要がない．図（b）には $2p_y$ 軌道と 2s 軌道の空間的重なりを示した．直交した 2p 軌道間の場合と同様に，重なり積分が 0 となるため，これら軌道間に相互作用はない．

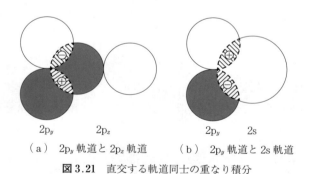

(a) $2p_y$ 軌道と $2p_z$ 軌道　　(b) $2p_y$ 軌道と 2s 軌道

図 3.21 直交する軌道同士の重なり積分

分子軸（z 軸）方向の $2p_z$ 軌道から作られる分子軌道は

$$\Psi_{\sigma_g 2p_z} = \psi_{2p_z, A} - \psi_{2p_z, B} \tag{3.71a}$$

$$\Psi_{\sigma_u 2p_z} = \psi_{2p_z, A} + \psi_{2p_z, B} \tag{3.71b}$$

である．両者が同じ向きで重なり合う場合は，線形結合の符号が＋で，反対向

きで重なり合う場合は符号が−である。**図 3.22** にはこれらの分子軌道を示した。符号が−で，つまり同位相で重なり合うことで作られる分子軌道は，結合性軌道 $\sigma_g 2p_z$ であり，逆位相で重なり合うことで作られる分子軌道は，反結合性軌道 $\sigma_u 2p_z$ である。

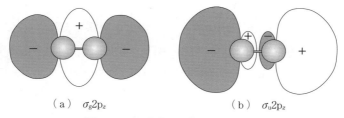

（a） $\sigma_g 2p_z$ 　　　　（b） $\sigma_u 2p_z$

図 3.22 $2p_z$ 軌道から作られる σ 軌道

つぎに，結合軸と直交する x, y 軸方向の $2p_{x,y}$ 原子軌道から作られる分子軌道を考えよう。二つの $2p_x$ 軌道から作られる分子軌道は

$$\Psi_{\pi_u 2p_x} = \psi_{2p_x, A} + \psi_{2p_x, B} \tag{3.72a}$$

$$\Psi_{\pi_g 2p_x} = \psi_{2p_x, A} - \psi_{2p_x, B} \tag{3.72b}$$

である。**図 3.23** にはこれらの分子軌道の概形を示した。

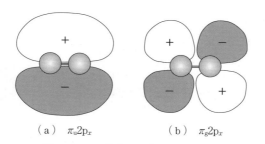

（a） $\pi_u 2p_x$ 　　　　（b） $\pi_g 2p_x$

図 3.23 $2p_x$ 軌道から作られる π 軌道

これらの分子軌道のように，分子軸を含む節面をもつ分子軌道を **π 軌道** という。式 (3.72a) で表される分子軌道は $\pi_u 2p_x$ であり，これは結合性軌道である。また，式 (3.72b) は反結合性軌道 $\pi_g 2p_x$ である。y 軸方向に伸びた $2p_y$ 軌道から作られる分子軌道は，$2p_x$ から作られる分子軌道と方向性が異なるだけでエネルギー的には縮退している。

さて，分子軌道形成のルール（3）より，原子軌道間の重なり積分が大きいほど，結合性軌道のエネルギーは低下し，反結合性軌道のエネルギーは増加する。$2p_z$ 軌道間の重なりは大きく，$2p_x$ 間および $2p_y$ 間の重なりは小さい。したがって，これら軌道のエネルギーには，$\sigma_g 2p_z < \pi_u 2p_x = \pi_u 2p_y < 2p_x = 2p_y = 2p_z < \pi_g 2p_x = \pi_g 2p_y < \sigma_u 2p_z$ の関係がある。

ここまで議論してきた，軌道エネルギーの大小関係をまとめると，**図 3.24** のようになる。両端は原子軌道のエネルギー，中央は分子軌道のエネルギーに対応している。また，図中の点線は軌道間の相互作用を表している。このような図を，分子軌道のエネルギーダイアグラムという。同じ対称性で表される軌道にはエネルギーが低いほうから順番に番号をつけて区別する。

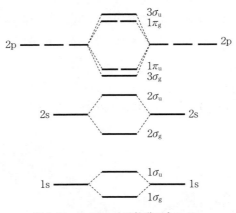

図 3.24 O_2, F_2 の分子軌道エネルギーダイアグラム

このように，原子軌道の組合せによって，分子にはさまざまな分子軌道および対応するエネルギー準位が存在する。電子はそのうちの一つの軌道を占有すると考え，電子状態はそれらエネルギー準位に，どのように電子が配置されるかによって決まる。最低エネルギーの準位から電子を順番に収容してできる状態は電子基底状態である。多くの安定な分子は偶数個の電子をもっており，あるエネルギー準位までは電子が満たされ，それより上は空軌道になっている。

このような電子の占有の仕方を電子配置という†。一つの準位には電子は二つまで収容される。このとき、パウリの排他原理に従って、スピンの向きを反対にして収容される。また、エネルギー的に縮退した軌道（$\pi_u 2p_x$ と $\pi_u 2p_y$, $\pi_g 2p_x$ と $\pi_g 2p_y$）に電子が収容される場合、フントの規則から、できるだけ電子スピンの向きを揃えて収容される。例えば、酸素分子 O_2 の電子基底状態における電子配置は $(1\sigma_g)^2(1\sigma_u)^2(2\sigma_g)^2(2\sigma_u)^2(3\sigma_g)^2(1\pi_u)^4(1\pi_g)^2$ となる。ここで、縮退した二つの $1\pi_g$ 軌道には、二つの電子が電子スピンの向きを揃えて収容されている。つまり、O_2 分子は二つの不対電子をもつのである。この不対電子の存在により O_2 分子は磁性をもつ。

B_2, C_2, N_2 分子では、**図 3.25** に示すように、$1\pi_u$ 軌道と $3\sigma_g$ 軌道のエネルギーが逆転する。これは、B, C, N 原子の 2s, 2p 軌道のエネルギー差が小さいことに起因する（表 3.4 参照）。

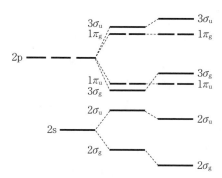

図 3.25 B_2, C_2, N_2 の分子軌道エネルギーダイアグラム

---

† 電子が Ψ_n の準位に収容されている場合、そのエネルギーは準位のエネルギー ε_n になる。すべての電子について、収容されている準位のエネルギーの総和をとると、分子全体の電子エネルギーになる。例えば偶数個の電子をもつ分子の電子に対して 1, 2, 3, ⋯, $2n$ と番号をつけると、この分子の全電子エネルギーは

$$\varepsilon_{tot} = 2\varepsilon_1 + 2\varepsilon_2 + \cdots + 2\varepsilon_{n-1} + 2\varepsilon_n$$

で与えられる。このエネルギーは核間距離等に依存して、その依存性は図 1.8 に示されるようなポテンシャルエネルギー曲線（あるいは多原子分子であれば曲面）に対応する。また、電子に関する空間部分の波動関数は各電子が占める分子軌道関数の積

$$\Psi = \Psi_1(1)\Psi_1(2)\cdots\Psi_n(2n-1)\Psi_n(2n)$$

で表される。

分子軌道形成のルール（1）にあるように，エネルギーの近い原子軌道どうしが相互作用するので，2s 軌道と 2p 軌道が相互作用するようになる。このとき，ルール（2）にあるように，対称性が同じ軌道間で相互作用が生じるため，2s 軌道から作られる $2\sigma_g$ 軌道と，$2p_z$ 軌道から作られる $3\sigma_g$ 軌道が

$$\Phi_{2\sigma_g} = \Psi_{2\sigma_g} + \Psi_{3\sigma_g} \tag{3.73a}$$

$$\Phi_{3\sigma_g} = \Psi_{2\sigma_g} - \Psi_{3\sigma_g} \tag{3.73b}$$

のように相互作用し，新たな $2\sigma_g$ 軌道と $3\sigma_g$ 軌道が作られる。新たな $2\sigma_g$ 軌道では結合性が強まり，軌道エネルギーは低下する。一方で，新たな $3\sigma_g$ 軌道では結合性が弱まり，軌道エネルギーが上昇する。また，2s 軌道から作られる $2\sigma_u$ 軌道と，$2p_z$ 軌道から作られる $3\sigma_u$ 軌道からは

$$\Phi_{2\sigma_u} = \Psi_{2\sigma_u} + \Psi_{3\sigma_u} \tag{3.74a}$$

$$\Phi_{3\sigma_u} = \Psi_{2\sigma_u} - \Psi_{3\sigma_u} \tag{3.74b}$$

のような二つの軌道が新たに作られる。新たな $2\sigma_u$ 軌道では反結合性が弱まり，軌道エネルギーは低下する。新たな $3\sigma_u$ 軌道では反結合性が強まり，軌道エネルギーが上昇する。したがって，窒素分子 N_2 では，電子基底状態における電子配置は $(1\sigma_g)^2(1\sigma_u)^2(2\sigma_g)^2(2\sigma_u)^2(1\pi_u)^4(3\sigma_g)^2$ となる。

一般に，結合性軌道に電子が入る場合，二つの原子核がばらばらで存在するよりもエネルギー的に安定化する。例えば，水素分子 H_2 の電子配置は $(1\sigma_g)^2$ であり，1s 軌道と $1\sigma_g$ 軌道のエネルギー差を $-\Delta E$ とすれば，二つの電子が $1\sigma_g$ 軌道に収容されることによって $-2\Delta E$ だけ安定化することになる。逆に，反結合性軌道に電子が入る場合，二つの原子が孤立している状態よりも不安定になる。同様に，He_2 分子の電子配置は $(1\sigma_g)^2(1\sigma_u)^2$ であり，**図 3.26** のように 1s 軌道と $1\sigma_u$ 軌道のエネルギー差を ΔE とすれば，安定化分 $-2\Delta E$ と不安定化分 $2\Delta E$ が打ち消し合い，合計で 0 となる。つまり，化学結合を作り分子に

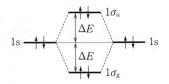

図 3.26 He_2 分子の分子軌道エネルギーダイアグラム

3.8 異核二原子分子の分子軌道 *53*

なったとしても，孤立した原子の状態とエネルギーは変わらないのである。ここでの議論では，結合性軌道の安定化エネルギーと反結合性軌道の不安定化エネルギーの絶対値が等しいとしたが，一般的には反結合性軌道の不安定化分が大きく（図 3.16 参照），孤立した原子で存在するほうが安定である場合が多い。

　化学結合の強さを表す指標として**結合次数** b をつぎのように定義しよう。

$$b = \frac{1}{2} = (n - n^*) \tag{3.75}$$

ここで，n は結合性軌道に入る電子数，n^* は反結合性軌道に入る電子数である。例えば，O_2 分子では結合性電子数は $n = 10$ で，反結合性電子数は $n^* = 6$ であるから，$b = 2$ となる。これは，いわゆる二重結合に対応している。**表 3.5** には代表的な二原子分子の平衡核間距離 r_e，結合エネルギー D，結合次数 b を示した。結合次数が大きいほど，その結合は強く，したがって核間距離（結合距離）は小さくなる。

表 3.5　二原子分子の平衡核間距離 R_e，結合エネルギー D，結合次数 b

分 子	r_e〔nm〕	D〔eV〕	b
H_2	0.07	4.5	1
He_2	–	–	0
Li_2	0.27	1.1	1
Be_2	–	–	0
B_2	0.16	3.0	1
C_2	0.12	6.2	2
N_2	0.11	9.8	3
O_2	0.12	5.1	2
F_2	0.14	1.6	1
Ne_2	–	–	0

3.8　異核二原子分子の分子軌道

　異核二原子分子の場合，構成する二つの原子の原子軌道エネルギーが異なる。また，エネルギーの近い軌道が同じ対称性をもっているとは限らない。こ

ここではまず，比較的簡単な水素化リチウム分子 LiH を例に，異核二原子分子の分子軌道を考えよう。

H 原子の 1s 軌道のエネルギーは −13.6 eV である。また，Li 原子の 1s 軌道のエネルギーは −67.4 eV，2s 軌道では −5.3 eV である。したがって，比較的エネルギーの近い H 原子の 1s 軌道と Li 原子の 2s 軌道から分子軌道が形成されると考えられる。**図 3.27** には LiH 分子の分子軌道のエネルギーダイアグラムと，対応する分子軌道の概形を示した。異核二原子分子は対称中心をもたないので，g/u の区別をつけない。

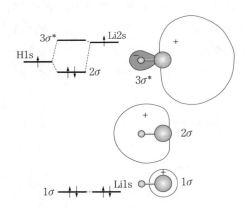

図 3.27 LiH 分子の分子軌道エネルギーダイアグラムと分子軌道

1σ 軌道は**非結合性軌道**と呼ばれ，化学結合にはほとんど関与しない。その形状はほぼ純粋な Li の 1s 軌道である。結合性 2σ 軌道は，H 原子側に偏っているような形状である。これは，H 原子の 1s 軌道と Li 原子の 2s 軌道が混ざり合う際に，H 原子の 1s 軌道のほうがより多く分子軌道に寄与するためである。一方，反結合性 3σ* 軌道では Li 原子の 2s 軌道の寄与が大きい。

2σ 軌道にある二つの結合電子は H 原子側に分布している。これは，LiH 分子内で H 原子側に負電荷が偏っていることを示している。この電荷の偏りはイオン結合性に大きく関与している。詳細な量子化学計算によれば，LiH 分子中の Li 原子は $+0.77e$，H 原子は $-0.77e$ の部分電荷をもっている。

つぎに，もう少し複雑なフッ化水素分子 HF を考えよう。F 原子の 1s 軌道のエネルギーは −718 eV，2s 軌道では −42.8 eV，2p 軌道では −19.9 eV であ

3.8 異核二原子分子の分子軌道

る。したがって，F原子の1s軌道のエネルギーは十分に低く，化学結合に関与しないと考えてよい。また，F原子の2s軌道のエネルギーもH原子の1s軌道と比べて低いので，ほとんど化学結合に寄与しないと考えられる。したがって，エネルギーの近い，H原子の1s軌道とF原子の2p軌道が相互作用し分子軌道を形成する。ここで，H原子の1s軌道とF原子の$2p_x$，$2p_y$軌道は重なり積分が0となるため，相互作用しない（図3.21と同様）。したがって，1π軌道は非結合性軌道でありF原子の$2p_x$，$2p_y$軌道そのものである。**図3.28**にはHF分子の分子軌道エネルギーダイアグラムを示した。

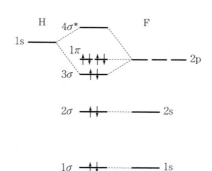

図3.28 HF分子の分子軌道エネルギーダイアグラム

最後に，一酸化炭素分子COを取りあげよう。C原子の1s軌道のエネルギーは-308 eV，O原子では-562 eVであるから，これらの軌道は他の軌道と相互作用しないと考えてよい。C原子の2s軌道とO原子の2s軌道が相互作用して，結合性軌道3σと非結合性軌道$4\sigma^*$軌道を形成する。また，各原子の$2p_x$軌道および$2p_y$軌道から結合性軌道1πと反結合性軌道$2\pi^*$が形成される。さらに，$2p_z$軌道からは結合性軌道5σと反結合性軌道$6\sigma^*$が形成される。そして，結合性σ軌道である3σ軌道と5σ軌道が相互作用し，新たな3σ軌道と新たな5σ軌道が形成される。また，反結合性σ軌道である$4\sigma^*$軌道と$6\sigma^*$軌道の相互作用から，新たな$4\sigma^*$軌道と新たな$6\sigma^*$軌道が作られる。このように，CO分子の分子軌道は複雑であるが，エネルギーダイアグラムはN_2分子と似

たような構造となる（図 3.29）。CO 分子は 14 個の電子をもち，その電子構造は等電子的である N_2 分子と類似する。CO 分子および N_2 分子の平衡核間距離はそれぞれ 113 pm および 110 pm であり，両者は非常に近い分子構造をしている。

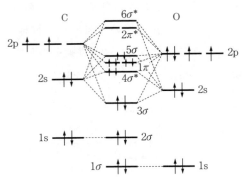

図 3.29 CO 分子の分子軌道エネルギーダイアグラム

3.9 多原子分子の分子軌道

多原子分子の分子軌道はいくつかの原子軌道の組合せによって作られるため二原子分子よりも複雑になる。ここではまず定性的に多原子分子の分子軌道に関して考察しよう。

まず水分子 H_2O が直線形であると仮定して，分子軌道のエネルギーダイアグラムを描くと**図 3.30** のようになる。図中には各分子軌道を構成する原子軌道の形状を模式的に描いている。二つの水素原子が結合性分子軌道 $\sigma_g(H_2)$ および反結合性分子軌道 $\sigma_u(H_2)$ を作り，その中心に酸素原子が入り直線形の H_2O 分子ができると考えてみよう。

O 原子の 1s(O) 軌道のエネルギーは水素分子のエネルギーと大きく離れているので，ほぼ純粋な原子軌道として存在する。分子軌道の表記法にならい，これを $1\sigma_g$ 軌道と書く。O 原子の 2s(O) 軌道は $\sigma_g(H_2)$ 軌道と相互作用し，結合性 $2\sigma_g$ 軌道および反結合性 $3\sigma_g$ 軌道を作る。

3.9 多原子分子の分子軌道　　57

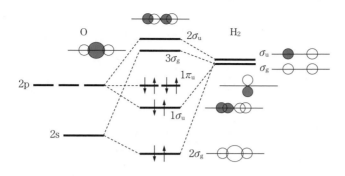

図 3.30　H$_2$O 分子が直線形であると仮定した場合の分子軌道エネルギーダイアグラム

つぎに O 原子の 2p 軌道を考えよう。結合軸を z 軸とすると，p$_z$(O) 軌道と σ_g(H$_2$) 軌道の相互作用から $1\sigma_u$ 軌道が，p$_z$(O) 軌道と σ_u(H$_2$) 軌道の相互作用から $2\sigma_u$ 軌道が作られる。2p$_x$(O) 軌道および 2p$_y$(O) 軌道は σ_g(H$_2$) 軌道および σ_u(H$_2$) 軌道とは相互作用できない（図 3.21 と同様に重なり積分が 0 となる）。これらの非結合性軌道も分子軌道の表記に従って $1\pi_u$ 軌道と書く。

さて，H-O-H の結合角が変化した場合，つまり分子が屈曲した場合，分子軌道のエネルギーがどのように変化するかを考えよう。3.7 節の分子軌道形成のルール（3）にあるように，重なり積分が大きいほど結合性軌道のエネルギーは低下し，反結合性軌道のエネルギーは増加する。**図 3.31** には，s 軌道間および p 軌道間の重なり積分の変化による分子軌道のエネルギーの変化を示した。

直線形 H$_2$O 分子の $1\sigma_g$ 軌道はほぼ純粋な O 原子の 1s 軌道である。したがって，屈曲によるエネルギーの変化はない。$2\sigma_g$ 軌道は，σ_g(H$_2$) と O 原子の 2s 軌道から形成される結合性分子軌道である。H$_2$O 分子の屈曲によって，H 原子間の距離が短くなるため，σ_g(H$_2$) 軌道は安定化する。O 原子の 2s 軌道と

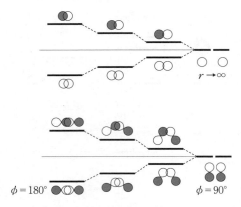

図 3.31 重なり積分と分子軌道エネルギーの変化

$\sigma_g(H_2)$ の重なり積分には屈曲による大きな変化はないが，$\sigma_g(H_2)$ 軌道の安定化に伴って，$2\sigma_g$ 軌道のエネルギーも低下する。結合性軌道 $1\sigma_u$ は $\sigma_u(H_2)$ と O 原子の $2p_z$ 軌道から形成される分子軌道である。H_2O 分子の屈曲によって，H 原子間の距離が短くなるため，$\sigma_u(H_2)$ 軌道は不安定化する。また，O 原子の $2p_z$ 軌道と $\sigma_u(H_2)$ の重なり積分も低下するため，全体として $1\sigma_u$ 軌道は不安定化する。$1\pi_u$ 軌道は純粋な O 原子の $2p_{x,y}$ 軌道である。直線構造では，$2p_{x,y}$ 軌道と $\sigma_g(H_2)$ 軌道の重なり積分は 0 であるため，O 原子の $2p_{x,y}$ 軌道が独立した分子軌道として存在する。しかし，**図 3.32** のように，y-z 平面で分子が屈曲した場合，$2p_y$ 軌道と $\sigma_g(H_2)$ 軌道の重なり積分の値が 0 でなくなる。それに伴

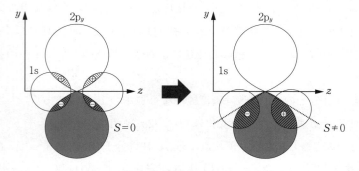

図 3.32 屈曲による $2p_y$ 軌道と $1s$ 軌道の重なり積分

い，$2p_x$，$2p_y$ 軌道の縮退が解け，二つの $1\pi_u$ 軌道のうち一つが安定化する。反結合性軌道 $3\sigma_g$ は屈曲により，$2\sigma_g$ 軌道と同様に安定化する。反結合性軌道 $2\sigma_u$ は分子の屈曲によって $\sigma_u(H_2)$ 軌道と O 原子の $2p_z$ 軌道の重なりが減少するためにわずかに安定化するが，H 原子間距離の低下に伴う $\sigma_u(H_2)$ 軌道の不安定化の効果が大きく，全体としてわずかに不安定化する。

以上の議論をまとめると，**図 3.33** のようになる。これは**ウォルシュ（Walsh）の相関図**と呼ばれ，結合角 ϕ の変化に伴う分子軌道エネルギーの変化を図示したものである。図中の $1a_1$ などの記号は群論による表現である（詳しくは 10 章を参照）。屈曲による $1\pi_u$ 軌道の安定化の効果が非常に大きく，直線形 H_2O 分子と屈曲形 H_2O 分子を比較した際，屈曲形 H_2O 分子のほうが安定となる。あくまで，図は定性的に作成したものであり，各分子軌道のエネルギーの角度依存性を正確には表していない。原子核間や電子同士の反発を考慮した高度な量子力学計算によれば，H_2O 分子では結合角が $104.5°$ のときに全電子エネルギーが最も低い状態になることがわかっている。これは実験的に決定された

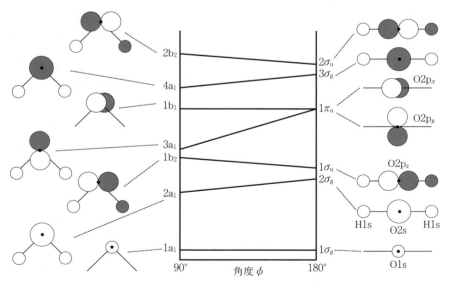

図 3.33　AH_2 型分子のウォルシュの相関図

60 　3. 原子・分子の量子論

H_2O 分子の構造と一致している。**表3.6**にはいくつかの AH_2 型三原子分子の電子配置と形を示した。一般に，$3a_1(1\pi_u)$ 軌道に電子が収容されると屈曲形構造になる。

表3.6 AH_2 型分子の電子配置と形

分　子	電子配置	形
BeH_2	$(1a_1)^2(2a_1)^2(1b_2)^2$	直線形
BH_2	$(1a_1)^2(2a_1)^2(1b_2)^2(3a_1)^1$	屈曲形
CH_2	$(1a_1)^2(2a_1)^2(1b_2)^2(3a_1)^2$	屈曲形
NH_2	$(1a_1)^2(2a_1)^2(1b_2)^2(3a_1)^2(1b_1)^1$	屈曲形
H_2O	$(1a_1)^2(2a_1)^2(1b_2)^2(3a_1)^2(1b_1)^2$	屈曲形

3.10　ヒュッケル近似法

　二重結合をもった炭化水素化合物では，多くの場合すべての原子が同一平面上に並び，その分子面内に σ 結合，面に垂直に π 結合が存在する。この二つの結合様式は空間的な対称性が異なるのでたがいに独立であるとし，これらを分けて考えることができる。ここでは**ヒュッケル（Hückel）近似法**と呼ばれる方法を用いて，π 電子の電子状態を考える。この方法は方程式を解く上で困難な部分を最大限にカットした大胆な理論であるが，不飽和炭化水素系の π 電子の化学的な特徴を議論することが可能である。ヒュッケル近似法では，つぎの近似をおく。

（1）クーロン積分 α は原子の種類によって定め，その値は原子軌道エネルギーとする。図3.15からわかるように，化学結合ができる領域では α は負の値である。

（2）結合原子間の共鳴積分 β は原子の組合せによって定める。α と同様に β も負の値である。

　　　非結合原子間の共鳴積分は無視する（i と j が結合していない場合，$\beta_{ij}=0$）。

3.10 ヒュッケル近似法 **61**

（3）原子軌道間の重なり積分 S を無視する。つまり，$S_{ii}=1$，$S_{ij}=0$ とする。

　最も簡単な不飽和炭化水素であるエチレンの π 軌道を考えよう。二つの炭素原子の 2p 軌道（ψ_1 および ψ_2）から作られる分子軌道は

$$\Psi_\pi = c_1\psi_1 + c_2\psi_2 \tag{3.76}$$

である。3.6 節で行った H_2^+ イオンの分子軌道を求める際の手続きと同様の取扱いを行えば永年行列式

$$\begin{vmatrix} \alpha-\varepsilon & \beta-S\varepsilon \\ \beta-S\varepsilon & \alpha-\varepsilon \end{vmatrix} = 0 \tag{3.77}$$

が得られるが，ここにヒュッケル近似を適用すると

$$\begin{vmatrix} \alpha-\varepsilon & \beta \\ \beta & \alpha-\varepsilon \end{vmatrix} = 0 \tag{3.78}$$

となる。したがって，π 軌道のエネルギーは

$$\varepsilon_1 = \alpha + \beta \tag{3.79a}$$

$$\varepsilon_2 = \alpha - \beta \tag{3.79b}$$

と求めることができる。β が負であるから，$\varepsilon_1 < \varepsilon_2$ である。また，それぞれのエネルギーに対応する分子軌道関数は

$$\Psi_{\pi,1} = \frac{1}{\sqrt{2}}(\psi_1 + \psi_2) \tag{3.80a}$$

$$\Psi_{\pi,2} = \frac{1}{\sqrt{2}}(\psi_1 - \psi_2) \tag{3.80b}$$

となる（**図 3.34**）。これら分子軌道に，電子は二つまで収容される。例えばエチレン分子の最安定状態（基底状態）では，二つの π 電子が $\Psi_{\pi,1}$ 軌道に収容される。したがって，結合性 π 軌道 $\Psi_{\pi,1}$ は**最高被占軌道**（HOMO）であり，反結合性 π 軌道 $\Psi_{\pi,2}$ は**最低空軌道**（LUMO）である。

　エチレン分子の電子基底状態の π 電子に関する全波動関数は二つの電子の波動関数の積

$$\Psi_{\pi,\text{tot}} = \Psi_{\pi,1}(1)\Psi_{\pi,1}(2) \tag{3.81}$$

で書ける。このときのエネルギー（全 π 電子エネルギー）は各電子のエネル

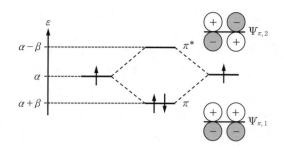

図 3.34 エチレン分子の π 軌道のエネルギーダイアグラムと分子軌道の模式図

ギーの和

$$\varepsilon_{\pi,\mathrm{tot}} = 2\varepsilon_{\pi,1} \tag{3.82}$$

となる．9章や10章では π 電子が関わる遷移を取り扱うが，ヒュッケル近似による π 軌道の形状の議論が役に立つ．

演 習 問 題

問題 3.1 He^+ のイオン化エネルギーを求め，水素原子と比較して説明せよ．

問題 3.2 表 3.1 にある 1s 軌道の波動関数 ψ_{1s} が水素類似原子のシュレディンガー方程式の解であることを確認せよ．

問題 3.3 水素原子の 1s 電子を $r \leq a_0$ の領域に見出す確率を求めよ．

問題 3.4 水素原子の 2s 電子および 2p 電子の最大確率半径を求めよ．

問題 3.5 原子番号 20 番までの原子の最安定電子配置を電子スピンまで区別して書け．

問題 3.6 H_2^+ 分子の式 (3.59b) で与えられるエネルギーに対する分子軌道関数が，式 (3.65) で与えられることを示せ．

問題 3.7 式 (3.64) で与えられる結合性軌道と，式 (3.65) で与えられる反結合性軌道が直交していることを示せ．

問題 3.8 B_2, C_2, F_2 分子について基底状態の電子配置を書き，結合次数を求

演 習 問 題　*63*

めよ。

問題 3.9　HF 分子の各分子軌道の概形を図示せよ。

問題 3.10　NO，NO^+，NO^- 分子について，基底状態の電子配置を書け。また，これら化学種の結合の強さの大小関係を述べよ。

問題 3.11　アリルラジカル $H_2C=CH-CH_2$ にヒュッケル近似法を適用しよう。この際，σ 結合を無視して，π 結合のみを考える。すなわち，三つの炭素原子の結合軸に直交する 2p 軌道から，$\Psi_\pi = c_1\psi_1 + c_2\psi_2 + c_3\psi_3$ のような分子軌道が作られる。アリルラジカルの π 電子は各炭素原子から一つずつ，合計三つである。クーロン積分を α，共鳴積分を β とする。

（1）π 軌道に対するヒュッケル永年行列式を書け。

（2）π 軌道のエネルギーを計算し，全 π 電子エネルギーを計算せよ。

（3）二番目にエネルギーの高い分子軌道の概形を図示せよ。

問題 3.12　ヒュッケル近似法を σ 結合のみからなる簡単な分子にも適用してみよう。H_3^+ 分子が直線構造であると仮定して，ヒュッケル近似法によって三つの分子軌道のエネルギーおよび，それらに対応する分子軌道関数を求めよ。また，全電子エネルギーを求めよ。

問題 3.13　H_3^+ 分子が環状構造（正三角形）であると仮定しよう。この場合，1 番目の H 原子と 3 番目の H 原子の間に結合が存在する。ヒュッケル近似法を適用し，三つの分子軌道のエネルギーおよび，それらに対応する分子軌道関数を求めよ。また，全電子エネルギーを求めよ。

問題 3.14　H_3^+，H_3，H_3^- 分子について，それぞれ直線と環状どちらの構造が安定かを議論せよ。

問題 3.15　H_3 型分子に関して，直線構造（180°）から環状構造（60°）への角度変化についてのウォルシュの相関図を定性的に描け。

4. 分子の振動運動と回転運動

本章では分子分光学の観測対象である，分子の振動運動と回転運動の特徴を古典力学および量子力学の観点から学習しよう。分子の振動運動は調和振動子と呼ばれる物理モデルでよく近似される。また，回転運動は剛体回転子としてモデル化される。

4.1 二原子分子のポテンシャルエネルギー曲線

図 4.1 のような，二原子分子を構成する二つの原子間に働くポテンシャルエネルギーを，核間距離の関数として描いたものをポテンシャルエネルギー曲線

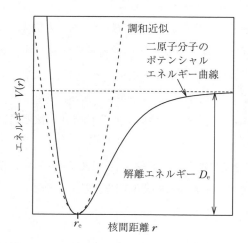

図 4.1 二原子分子のポテンシャルエネルギー曲線（実線）と調和ポテンシャル（破線）

4.1 二原子分子のポテンシャルエネルギー曲線　　*65*

という。二つの原子が無限に離れているとき，そのエネルギーは原子のもつエネルギーそのものである。二つの原子が近づき安定化すれば，原子間に化学結合が形成され，分子が形成される。しかし，二つの原子間の距離が近づきすぎると，原子核間の強い反発によって，分子全体のポテンシャルエネルギーは急激に上昇する。分子は最も低いポテンシャルエネルギーを与える核間距離（平衡核間距離 r_e）を保ちながら存在する。

　二原子分子でさえもありとあらゆる核間距離 r の範囲でポテンシャルエネルギー $V(r)$ を閉じた関数系で書き表すことは難しい。そこで，$V(r)$ を平衡核間距離 $r=r_e$ のまわりでテイラー（Taylor）展開すると

$$V(r) = V(r_e) + \left(\frac{\mathrm{d}V}{\mathrm{d}r}\right)_{r=r_e}(r-r_e) + \frac{1}{2!}\left(\frac{\mathrm{d}^2V}{\mathrm{d}r^2}\right)_{r=r_e}(r-r_e)^2$$
$$+ \frac{1}{3!}\left(\frac{\mathrm{d}^3V}{\mathrm{d}r^3}\right)_{r=r_e}(r-r_e)^3 + \cdots \tag{4.1}$$

となる。ポテンシャルエネルギーの閉じた関数形がわからなくても，無限個の項を含む多項式で展開すれば，どのような関数でも表すことができる。ここで，第1項 $V(r_e)$ は $r=r_e$ におけるポテンシャルエネルギーの値であり，これは定数である。エネルギーは必ず基準点から測る必要があるため，ポテンシャルの極小値をエネルギーの原点とすれば $V(r_e)=0$ となる。また，$r=r_e$ においてはポテンシャルの勾配が 0 であるから，ポテンシャルの一階微分 $(\mathrm{d}V/\mathrm{d}r)_{r=r_e}$ は 0 になり，式 (4.1) において変位の1次の項はなくなる。このポテンシャルの一階微分は二つの原子間に働く力の符号を変えた値であり，$r=r_e$ の点で 0 になる。さらに，$x=r-r_e$，$(\mathrm{d}^2V/\mathrm{d}r^2)_{r=r_e}=k_f$，$(\mathrm{d}^3V/\mathrm{d}r^3)_{r=r_e}=\gamma$，$\cdots$ とおけば，式 (4.1) は

$$V = \frac{1}{2}k_f x^2 + \frac{1}{6}\gamma x^3 + \cdots \tag{4.2}$$

と簡単に書き表すことができる。ここで，第1項を **調和項**（図 4.1 中の放物線），第2項以降を **非調和項** と呼ぶ。通常，非調和項は $x=0$ 近傍では非常に小さい。この章では，最も簡単な取扱いとして非調和項を無視する，**調和近似**

66   4. 分子の振動運動と回転運動

を採用する。図からもわかるように，調和近似はポテンシャルの極小付近において，実際のポテンシャルエネルギー曲線とよく一致している。通常，室温条件で安定に存在している分子はポテンシャルの極小付近の構造をしているはずであるから，まずは調和近似のもとで議論を進めよう（非調和項に関しては7章で取り扱う）。

4.2 調和振動子の古典力学的取扱い

分子の振動運動を**調和振動子**と呼ばれるバネの古典的物理モデルから考察しよう。まず質量 m の質点がつながった平衡長 r_e のバネを考える。バネを伸ばした際にバネが平衡長に戻ろうとする力，つまりバネに働く**復元力** F_r はバネの変位 $x = r - r_e$（平衡長からのズレ）に比例し

$$F_r = -k_f(r - r_e) = -k_f x \tag{4.3}$$

と書ける。負号はバネの変位と復元力の向きが反対向きであることを表している。式 (4.3) を**フック（Hooke）の法則**といい，このフックの法則に従うバネを調和振動子という。式 (4.3) 中の比例定数 k_f を**力の定数**（バネ定数）という。力の定数はバネのかたさを表す固有の定数である。力の定数の単位は〔$\mathrm{Nm^{-1}}$〕であり，バネを 1 m 伸ばすために必要な力を表している。力の定数が大きければ，バネに働く復元力も大きくなる。つまり，k_f の大きいバネは，かたいバネだということである。

フックの法則に従うバネの運動方程式は，質点の質量と加速度の積がバネの復元力と等しくなるから

$$m \frac{\mathrm{d}^2 x}{\mathrm{d}t^2} + k_f x = 0 \tag{4.4}$$

と書ける。ここで変位 x は $r - r_e$ と定義されているので，x の時間に関する二階微分は加速度に対応する。式 (4.4) で表される微分方程式の一般解は

$$x(t) = c_1 \sin(\omega t) + c_2 \cos(\omega t) \tag{4.5}$$

であり，ここで

$$\omega = \sqrt{\frac{k_\mathrm{f}}{m}} \tag{4.6}$$

は調和振動子の**角振動数**（単位は $[\mathrm{rad\,s^{-1}}]$）である．演習問題4.2では式(4.5)が式(4.4)の一般解であることを確認する．

つぎに，このバネを運動させた場合を考えよう．初期変位が A になるようにバネを伸ばし，単振動させたとする．初期変位が A ということは，式(4.5)に $t=0$ を代入すれば

$$x(0) = c_1 \sin(0) + c_2 \cos(0) = c_2 = A \tag{4.7}$$

となる．この A を振動の**振幅**という．また，$t=0$ では質点の初速度は0であるから

$$\left(\frac{\mathrm{d}x}{\mathrm{d}t}\right)_{t=0} = c_1\omega\cos(0) - c_2\omega\sin(0) = c_1\omega = 0 \tag{4.8}$$

を得る．したがって，変位 x の時間変化は

$$x(t) = A\cos(\omega t) = A\cos(2\pi\nu t) \tag{4.9}$$

となる．これは，**図4.2**のように，質点が $x=A$ と $x=-A$ の間を角振動数 ω，つまり**振動数** $\nu = \omega/(2\pi)$（単位は $[\mathrm{s^{-1}}]$）で振動していることを表している．この振動数は，1秒間にバネが何回振動するかを表す量である．かたいバネほど，つまり力の定数が大きいバネほど，バネに働く復元力は大きくなるので，1秒間に振動する回数は多くなる．また，質点の質量が重いほど，1秒間に振動する回数は少なくなる．振動数の逆数は振動の**周期** T に対応する．

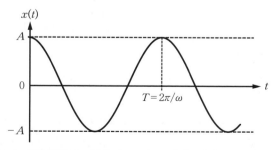

図4.2 調和振動子の運動（$t=T(=2\pi/\omega)$ のとき一周期である）

つぎに，調和振動子のエネルギーを考えよう。調和振動子のもつ全エネルギーは，振動子の運動エネルギーとポテンシャルエネルギーの和で表される。調和振動子のポテンシャルエネルギーはバネが戻ろうとする力，つまり復元力に由来する。バネに働く復元力はポテンシャルエネルギーの変位に関する微分に負号をつけたもの，つまり $F_r = -dV/dx$ だから，ポテンシャルエネルギー V は式 (4.3) の符号を変えて積分することで

$$V = k_f \int_0^x x\,dx = \frac{1}{2} k_f x^2 = \frac{1}{2} k_f A^2 \cos^2(\omega t) \tag{4.10}$$

となる。また，運動エネルギー K は

$$K = \frac{1}{2} m \left(\frac{dx}{dt} \right)^2 = \frac{1}{2} k_f A^2 \sin^2(\omega t) \tag{4.11}$$

となる。したがって，図 4.3 に示すように，バネの運動エネルギーとポテンシャルエネルギーは 0 と最大値 ($k_f A^2 / 2$) の間を時間の経過とともに振動する。

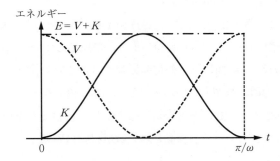

図 4.3 調和振動子の運動エネルギー K，ポテンシャルエネルギー V および全エネルギー E

調和振動子の全エネルギー E は

$$E = K + V = \frac{1}{2} k_f A^2 \tag{4.12}$$

となり，これは変位 x および時間 t に依存しない定数である。バネは $x = A$ および $x = -A$ の点で折り返す。そのとき，質点の速度は 0 になるので，運動エネルギーは 0 となる。また，バネが平衡長を通過する際，つまり $x = 0$ の瞬間

に，その速度は最大になる．そのときバネは平衡長にあるので，ポテンシャルエネルギーは0となる．最初 ($t=0$) に $x=A$ まで引き伸ばした際に蓄えられたエネルギーが保存されているため，バネの全エネルギーはつねに一定値になる．

4.3 二原子分子のバネモデル

図4.4のような，m_1，m_2 の質量をもつ二つの質点がバネでつながれた調和振動子を二原子分子のモデルとして考えよう．今回もバネの平衡長は r_e である．それぞれの質点の運動方程式は

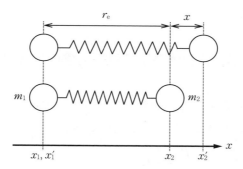

図4.4 二原子分子のバネモデル（変位 x は $x = x_2 - x_1 - r_e$ で定義される）

$$m_1 \frac{d^2 x_1}{dt^2} = k_f(x_2 - x_1 - r_e) \tag{4.13a}$$

$$m_2 \frac{d^2 x_2}{dt^2} = -k_f(x_2 - x_1 - r_e) \tag{4.13b}$$

である．バネが伸びるとき，つまり $x_2 - x_1 > r_e$ ならば m_1 に働く力は右向きで，m_2 に働く力は左向きである．式 (4.13b) の右辺のマイナスの符号は，二つの質点の運動方向が逆向きであることを表している．式 (4.13a) の両辺を m_1 で，式 (4.13b) の両辺を m_2 で割り，それら二つの式を引き算すると

$$\frac{d^2 x_2}{dt^2} - \frac{d^2 x_1}{dt^2} = -\left(\frac{1}{m_2} + \frac{1}{m_1}\right) k_f (x_2 - x_1 - r_e) = -\frac{k_f}{\mu}(x_2 - x_1 - r_e) \tag{4.14}$$

70   4. 分子の振動運動と回転運動

を得る。ここで，換算質量 μ を

$$\mu = \frac{m_1 m_2}{m_1 + m_2} \tag{4.15}$$

と定義した。バネにつながれた二つの質点の運動は，それらの間の相対的な距離 $x = x_2 - x_1 - r_e$ だけに依存するから，式 (4.14) は

$$\mu \frac{\mathrm{d}^2 x}{\mathrm{d}t^2} + k_f x = 0 \tag{4.16}$$

となる。この微分方程式は式 (4.4) の質量 m を換算質量 μ に置き換えたものである。つまり，換算質量を導入することによって，m_1 および m_2 の質量をもつ二つの質点の運動を μ という質量をもつ一つの質点の運動として取り扱うことができるのである。

4.4　調和振動子の量子力学的取扱い

　ここからは，二原子分子の振動運動を量子力学的に取り扱おう。今回も分子振動を調和振動子として近似する。調和振動子の古典力学的全エネルギー E は

$$E = \frac{1}{2}\mu v_x^2 + \frac{1}{2}k_f x^2 = \frac{p_x^2}{2\mu} + \frac{1}{2}k_f x^2 \tag{4.17}$$

と書くことができる。ここで $p_x = \mu v_x$ は質点の直線運動量である。式 (4.17) の右辺において，第 1 項が運動エネルギー，第 2 項がポテンシャルエネルギーである。量子力学に移行するためには，物理量を演算子に置き換えればよい。2 章で説明したように，量子力学的ハミルトニアン（全エネルギーを与える演算子）は，古典力学的運動量 p_x を運動量演算子

$$\hat{p}_x = \frac{\hbar}{\mathrm{i}} \frac{\mathrm{d}}{\mathrm{d}x} \tag{4.18}$$

に置き換えることで得られる。ここで i は虚数単位（$\mathrm{i}^2 = -1$）である。また，h をプランク定数として，$\hbar = h/(2\pi)$ である。したがって，調和振動子のシュレディンガー方程式は

4.4 調和振動子の量子力学的取扱い

$$\left(-\frac{\hbar^2}{2\mu}\frac{d^2}{dx^2}+\frac{1}{2}k_f x^2\right)\psi_v(x)=E_v\psi_v(x) \tag{4.19}$$

となる。このシュレディンガー方程式を解くのは非常に面倒だが，数学的には解決しており，量子力学的エネルギーは以下のように書けることがわかっている。

$$E_v=\hbar\omega\left(v+\frac{1}{2}\right)=h\nu\left(v+\frac{1}{2}\right), \quad v=0,1,2,\cdots \tag{4.20}$$

ここで

$$\omega=\sqrt{\frac{k_f}{\mu}} \tag{4.21}$$

$$\nu=\frac{\omega}{2\pi}=\frac{1}{2\pi}\sqrt{\frac{k_f}{\mu}} \tag{4.22}$$

はそれぞれ調和振動子の角振動数および振動数である。調和振動子の量子力学的エネルギーは**振動量子数** v で規定され，図 4.5 のような等間隔な量子化されたエネルギー構造をもつ。換算質量が同一であるとすれば，結合がかたい分子ほど（力の定数が大きいほど）振動準位間のエネルギー差が大きくなる。

最低エネルギー状態（振動基底状態）は $v=0$ であり，そのときのエネルギーは

$$E_0=\frac{1}{2}h\nu \tag{4.23}$$

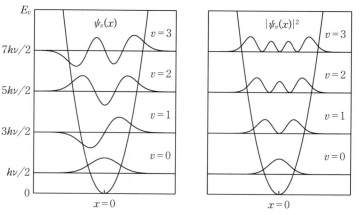

図 4.5　調和振動子のエネルギー固有値，波動関数およびその 2 乗

72　　4.　分子の振動運動と回転運動

の 0 でない値をもつ。このエネルギーを零点エネルギーと呼ぶ。調和振動子を量子力学的に見れば，分子は振動基底状態であっても静止することはできず，つねに振動しているということである。

　つぎに調和振動子の波動関数について考察しよう。調和振動子の波動関数 $\psi_v(x)$ は多少複雑な関数形をしているが

$$\psi_v(x) = \frac{1}{(2^v v!)^{1/2}} \left(\frac{\alpha}{\pi} \right)^{1/4} H_v(\alpha^{1/2} x) e^{-\alpha x^2/2} \tag{4.24}$$

で与えられる。ここで，$H_v(\alpha^{1/2} x)$ は**エルミート（Hermite）多項式**と呼ばれる $\alpha^{1/2} x$ に関する多項式である（巻末付録 A を参照）。また

$$\alpha = \sqrt{\frac{k_{\mathrm{f}} \mu}{\hbar^2}} \tag{4.25}$$

である。式 (4.24) 中の $e^{-\alpha x^2/2}$ は**ガウス（Gauss）関数**と呼ばれる y 軸対称な偶関数で，x が $\pm\infty$ のとき 0 に収束する。図 4.5 にはいくつかの振動波動関数とその 2 乗（存在確率分布）を示した。また，**表 4.1** にいくつかのエルミート多項式を，**表 4.2** には振動波動関数を示した。調和振動子の波動関数は，振動量子数 v が偶数の場合には y 軸対称な偶関数，振動量子数が奇数の場合には

表 4.1　エルミート多項式の例

$$H_0(y) = 1$$
$$H_1(y) = 2y$$
$$H_2(y) = 4y^2 - 2$$
$$H_3(y) = 8y^3 - 12y$$

表 4.2　いくつかの調和振動子の波動関数

$$\psi_0(x) = \left(\frac{\alpha}{\pi} \right)^{1/4} e^{-\alpha x^2/2}$$

$$\psi_1(x) = \left(\frac{4\alpha^3}{\pi} \right)^{1/4} x e^{-\alpha x^2/2}$$

$$\psi_2(x) = \left(\frac{\alpha}{4\pi} \right)^{1/4} (2\alpha x^2 - 1) e^{-\alpha x^2/2}$$

$$\psi_3(x) = \left(\frac{\alpha^3}{9\pi} \right)^{1/4} (2\alpha x^3 - 3x) e^{-\alpha x^2/2}$$

原点対称な奇関数になる。また，振動波動関数は振動量子数の数だけ節（波動関数の値が 0 になる点）をもつ。

波動関数に関するボルンの解釈によれば，$|\psi|^2 \mathrm{d}x$（$= \psi^* \psi \mathrm{d}x$）は x と $x+\mathrm{d}x$ の間の微小領域に粒子を見出す確率を表す。したがって，対象の全領域にわたる積分値は 1 にならなければならない。つまり，調和振動子の波動関数 ψ_v は変位 x が $-\infty$ から $+\infty$ の領域で

$$\int_{-\infty}^{+\infty} \psi_v^* \psi_v \, \mathrm{d}x = \int_{-\infty}^{+\infty} \psi_v^2 \, \mathrm{d}x = 1 \tag{4.26}$$

を満たさなければならない。これを波動関数の規格化積分という。ここで，調和振動子の波動関数は実関数であるため，$\psi_v^* \psi_v = \psi_v^2$ とした。例として $v=0$ の波動関数 ψ_0 が規格化されていることを確認しよう。

$$\psi_0^2 = \sqrt{\frac{\alpha}{\pi}} \, \mathrm{e}^{-\alpha x^2} \tag{4.27}$$

であるから，式 (4.26) は

$$\int_{-\infty}^{+\infty} \psi_0^2 \, \mathrm{d}x = \sqrt{\frac{\alpha}{\pi}} \int_{-\infty}^{+\infty} \mathrm{e}^{-\alpha x^2} \, \mathrm{d}x = 1 \tag{4.28}$$

となる。ここで，ガウス関数の積分公式

$$\int_0^\infty \mathrm{e}^{-\alpha x^2} \, \mathrm{d}x = \sqrt{\frac{\pi}{4a}} \tag{4.29}$$

を用いた。ガウス関数は y 軸対称な偶関数であるから，x が正の領域と負の領域でその積分値は同じ値になる。つまり，ガウス関数の $x = -\infty$ から $+\infty$ までの積分値は，$x=0$ から $+\infty$ までの積分値の 2 倍になる。

波動関数のもう一つの重要な性質として，直交性があげられる。調和振動子の波動関数であれば，$v' \neq v''$ の場合に

$$\int_{-\infty}^{+\infty} \psi_{v'}^* \psi_{v''} \, \mathrm{d}x = \int_{-\infty}^{+\infty} \psi_{v'} \psi_{v''} \, \mathrm{d}x = 0 \tag{4.30}$$

を満たす。演習問題 4.5 では，$v=0$ と $v=1$ の波動関数の直交性を確認する。

さてこの節の最後に，調和振動子の古典論と量子論の比較をしてみよう。ある x において波動関数の 2 乗が大きければ，その点において粒子を見出す確率は大きくなる。古典力学的に考えれば，バネが運動しているとき，その速度は

折返し点で0になるから、粒子を見出す確率分布は折返し点で最大になる。また、$x=0$のときにはバネの速度は最も速くなるので、確率分布は$x=0$で最小になる。加えて、質点の確率分布は最大値と最小値の間で連続的になるはずである。しかし、量子力学的に調和振動子を見てみると、$v=0$以外では粒子を見出すことができない点（節）が存在する。また、古典的に禁止されている折返し点の外側にも確率分布をもつ。このような、古典論における粒子の振る舞いと量子論における粒子の振る舞いの違いを各自考察してみるとよいだろう。

4.5 分子の回転運動

つぎに分子の回転運動を取り扱おう。図4.6のような、質量中心Gから距離r_1、r_2離れたところにある二つの質点m_1、m_2を考える。ここで質点間の距離$r_e = r_1 + r_2$は不変である。このような物理モデルを**剛体回転子**という。この質点がν_{rot}（単位時間あたりの回転数）で、つまり**角速度**$\omega_{\text{rot}} = 2\pi\nu_{\text{rot}}$で回転しているとすると、二つの質点の速度は$v_1 = 2\pi r_1 \nu_{\text{rot}} = r_1 \omega_{\text{rot}}$および、$v_2 = 2\pi r_2 \nu_{\text{rot}} = r_2 \omega_{\text{rot}}$と書ける。したがって、この分子の回転による運動エネルギーKは、それぞれの質点の運動エネルギーの和

$$K = \frac{1}{2}m_1(r_1\omega_{\text{rot}})^2 + \frac{1}{2}m_2(r_2\omega_{\text{rot}})^2 = \frac{1}{2}I\omega_{\text{rot}}^2 \tag{4.31}$$

となる。ここで

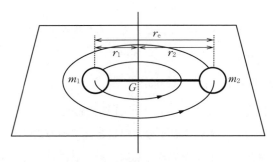

図4.6　剛体回転子モデル
（図中のGは質量中心を表す）

4.5 分子の回転運動 75

$$I = m_1 r_1^2 + m_2 r_2^2 \tag{4.32}$$

は**慣性モーメント**である。質量中心においては $m_1 r_1 = m_2 r_2$ であり

$$r_2 = r_e - r_1 \tag{4.33}$$

であるから

$$m_1 r_1 = m_2 (r_e - r_1) \tag{4.34}$$

となり

$$r_1 = \frac{m_2 r_e}{m_1 + m_2} \tag{4.35}$$

となる。同様に

$$r_2 = \frac{m_1 r_e}{m_1 + m_2} \tag{4.36}$$

となる。これらを式 (4.32) に代入すると

$$I = m_1 \left(\frac{m_2 r_e}{m_1 + m_2} \right)^2 + m_2 \left(\frac{m_1 r_e}{m_1 + m_2} \right)^2 \tag{4.37}$$

となり，式 (4.15) で定義される換算質量を用いれば

$$I = \mu r_e^2 \tag{4.38}$$

と書くことができる。この慣性モーメントは簡単にいえば物体の「回りにくさ」を表している。質点の質量が同じで，質点間の距離が異なる2種類のダンベルを回転させようとした場合，質点間の距離が長い，つまり慣性モーメントの大きいダンベルのほうが回しにくいことは想像できるであろう。それを踏まえて回転エネルギーについてもう一度考えてみよう。剛体回転子の運動エネルギーは慣性モーメントに比例する。式 (4.31) を角速度について変形すれば，$\omega_{\mathrm{rot}} = \sqrt{2K/I}$ となる。質点間の距離が異なる二つの回転子を同じ角速度で回転させようとする場合，質点間の距離が長い回転子ではより大きな運動エネルギーを与えなければならないということである。回転の運動エネルギーが慣性モーメントに依存することは直感的に理解できるであろう。

また，**角運動量**

$$\mathcal{J} = I \omega_{\mathrm{rot}} \tag{4.39}$$

を用いて運動エネルギーを記述すれば

76   4. 分子の振動運動と回転運動

$$K = \frac{\mathcal{J}^2}{2I} \tag{4.40}$$

となる。

　剛体回転子モデルを量子力学的に取り扱うのは非常に面倒な計算を要する（詳しくは付録BおよびCを参照）。ここでは$\mathcal{J}^2$の量子力学的固有値$J(J+1)\hbar^2$を天下り的に受け入れることにすれば，剛体回転子の量子力学的エネルギーは

$$E_J = \frac{\hbar^2}{2I} J(J+1), \quad J = 0, 1, 2, \cdots \tag{4.41}$$

となる。ここで，Jは分子回転によって生じる角運動量に関係する**回転量子数**である。剛体回転子の量子状態はJ，Mの二つの量子数で規定される。Mのとり得る値は$M=0, \pm 1, \pm 2, \cdots, \pm J$である。この量子数$M$は「角運動量の方向」に対応する量子数である。式 (4.41) からわかるように，剛体回転子の量子力学的エネルギーはJにのみ依存する。したがって，量子状態は**図 4.7**のようにMについて$2J+1$個の量子状態が同じエネルギーをもつ。このように，異なる量子状態が同じエネルギーをもつことを縮退しているといい

$$g_J = 2J + 1 \tag{4.42}$$

を縮退度という。

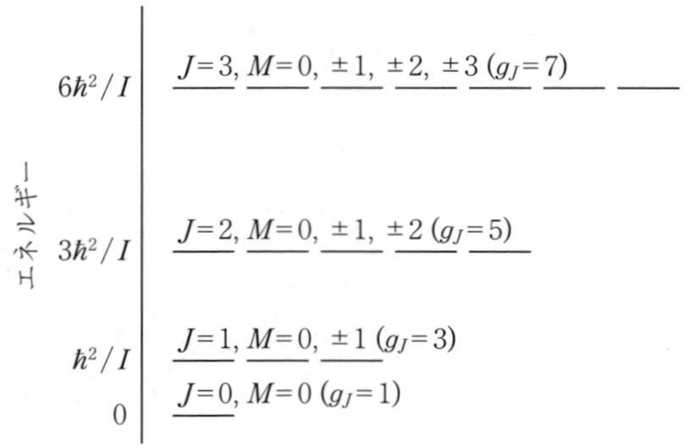

図 4.7　剛体回転子の量子力学的エネルギー準位
　　　（エネルギーは量子数Jにのみ依存し，
　　　M_Jについては縮退している）

演　習　問　題

問題4.1 分子のポテンシャルエネルギー曲線を表すモデルとして，**モース（Morse）ポテンシャル**

$$V(r) = D_e\left\{1 - e^{-\beta(r-r_e)}\right\}^2 \tag{4.43}$$

がよく利用される。このポテンシャル曲線の概形を図示せよ。また，力の定数 k_f をモースパラメーター D_e，β を用いて表せ。

問題4.2 式 (4.5) が式 (4.4) の一般解であることを確認せよ。

問題4.3 二原子分子を構成する二つの原子のうち，片方の原子がもう片方の原子に比べて非常に重い場合，振動数 ν はどのように書けるか。

問題4.4 $v=0$ の振動波動関数 ψ_0 を調和振動子のシュレディンガー方程式に代入することで，ψ_0 が式 (4.19) の解であることを確認せよ。

問題4.5 振動波動関数 ψ_0 と ψ_1 が直交していることを確認せよ。

問題4.6 低い振動量子数の波動関数の形状から類推して $v=10$ の振動波動関数および，その 2 乗の概形を図示せよ。また，その特徴を $v=0$ の波動関数と比較して論じよ。

問題4.7 回転エネルギーが $21\hbar^2/I$ である量子状態はいくつ存在するかを答えよ。

5. 光と分子

　分子に光を照射すると，光と分子の相互作用が起こり，さまざまな物理化学的過程が生じる。この章では，まず光（電磁波）の特徴を表す物理量に関して説明する。つぎに光のエネルギーと分子運動のエネルギー領域の対応関係に関して説明し，吸収や放射などの基本的な光と分子の相互作用の過程を取り扱う。

5.1 電磁波の特徴

　光は電磁波の一種であり，図 5.1 のように直交する電場 E と磁場 B から成り立っている波である。磁場が時間変化すると電場が発生する。この発生した電場がさらに時間変化すると磁場が発生する。このような電磁誘導の過程が逐次的に起こることで空間中を伝わる波，つまり電磁波が生じる。光は電場成分と磁場成分をもつ振動電磁場であるが，本書では分子に対する影響が大きい電場を重視して議論を展開しよう。電磁波の磁場成分と分子（核スピン，電子ス

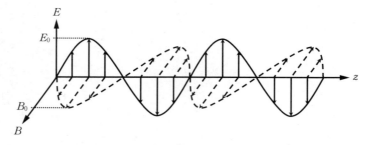

図 5.1　z 軸方向に進行する電磁波
　　　　（光は直交する電場と磁場からなる進行波である）

ピン）の相互作用を利用する手法としては例えば核磁気共鳴（NMR）分光法や電子スピン共鳴（ESR）分光法などがある。

z軸方向に伝搬する電磁波を考えよう。電場は数学的に

$$E(z, t) = E_0 \cos\left(\frac{2\pi z}{\lambda} - \frac{2\pi t}{T}\right) \tag{5.1}$$

と記述される。ここでE_0は振幅（電場の大きさ）である。また，λおよびTはそれぞれ波長および周期と呼ばれる光の特徴を表す物理量であり，以下でこれらの物理的意味を解説する。式 (5.1) からわかるように，電場は座標zと時間tの関数である。式 (5.1) で表される振動電場を図示するために，まずは時間を固定し，空間を進行する電場を考えよう。式 (5.1) において，$t=0$とすれば

$$E(z) = E_0 \cos\left(\frac{2\pi z}{\lambda}\right) \tag{5.2}$$

である。図 5.2（a）には電場の空間成分を示した。ここでλは**波長**であり，電場が1回振動する際に進む距離を表す。波長の逆数は**波数**$\tilde{\nu}$（ニューチルダと読む）と呼ばれ，振動電場が単位長さ進行した際に振動する回数を表す。通常，分光学では波数の単位に〔cm^{-1}〕が用いられる。この〔cm^{-1}〕は慣習的に「カイザー（Kayser）」や「波数（wavenumber）」などと呼ばれているが，「センチメートルマイナス1乗」や「毎センチメートル」と読むことが推奨されている。なお，$1\,m = 10^2\,cm$であるから，$1\,cm^{-1} = 10^2\,m^{-1}$である。

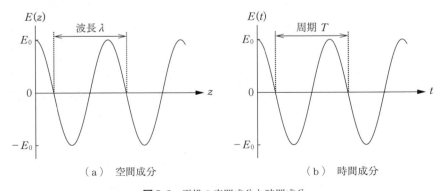

（a）空間成分　　　　　　　　（b）時間成分

図 5.2　電場の空間成分と時間成分

80   5. 光 と 分 子

一方，式 (5.1) において，$z=0$ とすれば

$$E(t) = E_0 \cos\left(\frac{2\pi t}{T}\right) \tag{5.3}$$

である。図（ｂ）には電場の時間成分を示してある。ここで，T は**周期**であり，電場が1回振動する際にかかる時間を表す。周期の逆数は**振動数** ν と呼ばれ，電場が単位時間あたりに振動する回数を表す（振動数は**周波数**と呼ばれることもある）。振動数の単位は時間の逆数〔s^{-1}〕であるが，これは〔Hz（ヘルツ）〕とも呼ばれる。また，振動数と**角周波数**（**角振動数**ともいう）ω には $\omega = 2\pi\nu$ の関係があり，この角周波数は単位時間あたりのラジアン〔$\mathrm{rad\,s}^{-1}$〕を表す。**表5.1** には電磁波の特徴を表す物理量をまとめた。

表5.1 電磁波の特徴を表す物理量

物理量	単 位	物理的意味
波長 λ	〔m〕	1 回振動する際に進む距離
波数 $\tilde{\nu}$	〔cm^{-1}〕	単位長さ進行した際に振動する回数（$\tilde{\nu}=1/\lambda$）
周期 T	〔s〕	1 回振動する際にかかる時間
振動数 ν	〔Hz(s^{-1})〕	単位時間あたりに振動する回数（$\nu=1/T$）
角周波数 ω	〔$\mathrm{rad\,s}^{-1}$〕	単位時間あたりのラジアン（$\omega=2\pi\nu$）

さて，波長と振動数の積を考えてみよう。波長は電場が1回振動する際に進む距離，振動数は単位時間あたりに振動する回数であったから，それらの積は光が単位時間あたりに進む距離，つまり光速度 c である。真空中の光速度は基礎物理定数の一つで $c_0 = 299\,792\,458\ \mathrm{m\,s}^{-1}$ と厳密に定められている。光が伝わる速度は媒質の屈折率に依存するために，光速度は伝搬する媒質によって異なる値となる。媒質中での光速度は $c = c_0/n$ で与えられる。ここで，n は物質の**絶対屈折率**（空気では $n=1.000\,3$，溶融石英ガラスでは $n=1.458\,5$，厳密には屈折率には波長依存性がある）である。

電磁波には波長領域によって名称がつけられている。例えば，400 nm から 800 nm（n（ナノ）は 10^{-9} を表す接頭語）の領域の光は，われわれ人間の目で認識することができる。この波長領域の光は**可視光**（visible，Vis）と呼ば

れる．可視光は，われわれ人間の目には波長の短い順に，紫藍青緑黄橙赤のような色として見える．波長の長いほうから，「赤・橙・黄・緑・青・藍・紫」と覚えた方も多いと思う．

可視光よりも波長の短い領域には**紫外光**（ultraviolet, UV）と呼ばれる領域がある．紫外光は 200 nm から 400 nm の**近紫外光**（near UV, NUV）と 10 nm から 200 nm の**真空紫外光**（vacuum UV, VUV）または**遠紫外光**（far UV, FUV）に分けられる．10 nm から 121 nm（121.6 nm の水素原子のライマン（Lyman）α 線以下の波長域）を**極端紫外光**（extreme UV, EUV または XUV），と呼ぶ場合もある．真空紫外光はその名のとおり，真空中でしか伝搬しない．空気中に含まれる窒素分子 N_2, や酸素分子 O_2, などがこの波長領域に強い吸収帯をもつためである．また，200 nm から 300 nm は**深紫外光**（deep UV, DUV）と呼ばれることもある．さらに波長の短い領域には **X 線**や γ **線**，**宇宙線**などが存在する．一般的に，これらの紫外光領域よりも短い波長の電磁波は光ではなく放射線と呼ばれる．

可視光よりも波長の長い領域には**赤外光**（infrared, IR）と呼ばれる電磁波が存在する．赤外光は 800 nm から 4 μm（μ（マイクロ）は 10^{-6}）の**近赤外光**（near IR, NIR）と 4 μm から 1 000 μm（= 1 mm）の**遠赤外光**（far IR, FIR）に分類される．2.5 μm から 4 μm を**中赤外光**（mid IR, MIR）と呼ぶこともある．さらに波長が長い領域には**マイクロ波**（1 mm〜10 cm）や**ラジオ波**などの，電波と呼ばれる電磁波が存在する．**図 5.3** には電磁波の大まかな波長領域と名称を示した．これらの電磁波の波長領域の名称は絶対的なものではなく，

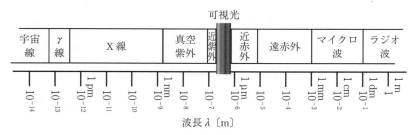

図 5.3 電磁波の波長領域と名称

82   5. 光 と 分 子

分野の習慣によって異なることも多分にしてあるので注意されたい。

5.2 分子のもつエネルギー準位と電磁波の領域

さて，電磁波は波長によって名称が分けられているが，何が違うのだろう
か。それはエネルギーが違うのである。プランクやアインシュタインが提唱し
た光量子仮説によれば，光（1 光子）のエネルギーは

$$E = h\nu = \frac{hc}{\lambda} = hc\tilde{\nu} \tag{5.4}$$

で与えられる。式 (5.4) によれば，光のエネルギーは振動数に比例，波長に反
比例，波数に比例する。したがって振動数の大きい，つまり波長が短く，波数
の大きい電磁波は，より大きなエネルギーをもっている[†]。分子分光学ではエ
ネルギーの単位として，波数〔cm^{-1}〕を用いることが多い。式 (5.4) からもわ
かるように，波数はエネルギーと線形関係にある。つまり，エネルギーが 2 倍
になれば波数も 2 倍になる。また，分子のもつエネルギーの大きさは〔cm^{-1}〕
単位で書くとちょうどよいのである。無理にエネルギー（J 単位）で書こうと
すれば 1 cm^{-1} = 1.98 64×10^{-23} J だから，いちいち 10^{-23} などを書かなければ
ならなくなり煩雑になってしまう。紫外光や X 線などのエネルギーの高い電磁
波のエネルギーを表す単位として電子ボルト〔eV〕が用いられることもある。
この電子ボルトは電荷素量 e をもつ荷電粒子が，真空中で 1 V の電位差で加速
された際に得るエネルギーで，1 eV = 1.602 2×10^{-19} J = 8.065 5×10^3 cm^{-1} で
ある。表 5.2 にはいくつかのエネルギーを表す単位の変換を示している。

1.4 節では分子運動および電子のもつ量子化されたエネルギーの間隔につい
て述べた。分子の回転準位のエネルギー差は 1 cm^{-1} オーダーである。これは電
磁波の領域でいえばマイクロ波に相当する。振動準位では 10^2～10^3 cm^{-1} オーダー

[†]　大きなエネルギーの光と聞くと，強度の大きい光を思い浮かべるかも知れないが，式
　　(5.4) が表しているのはあくまでも光子一つあたりのエネルギーであることを注意さ
　　れたい。同じ色（波長）の暗いと感じる光と明るいと感じる光では，その中に含まれ
　　る光子の数が異なっている。光の強度と光子数の関係は 5.4 節を参照のこと。

5.2 分子のもつエネルギー準位と電磁波の領域　　*83*

表 5.2　エネルギーを表す単位の変換

	J	cal	eV	kJ mol⁻¹	kcal mol⁻¹	Hz	cm⁻¹	K	hartree
1 J =	1	0.239 0	$6.241\,5\times10^{18}$	$6.022\,1\times10^{20}$	$1.439\,3\times10^{20}$	$1.509\,2\times10^{33}$	$5.034\,1\times10^{22}$	$7.243\,0\times10^{22}$	$2.294\,1\times10^{17}$
1 cal =	4.184	1	$2.611\,4\times10^{19}$	$2.519\,7\times10^{21}$	$6.022\,1\times10^{20}$	$6.314\,5\times10^{33}$	$2.106\,3\times10^{23}$	$3.030\,5\times10^{23}$	$9.598\,5\times10^{17}$
1 eV =	$1.602\,2\times10^{-19}$	$3.829\,3\times10^{-20}$	1	96.485	23.061	$2.418\,0\times10^{14}$	$8.065\,5\times10^{3}$	$1.160\,5\times10^{4}$	$3.675\,6\times10^{-2}$
1 kJ mol⁻¹ =	$1.660\,5\times10^{-21}$	$3.968\,8\times10^{-22}$	$1.036\,4\times10^{-2}$	1	0.239 0	$2.506\,1\times10^{12}$	83.593	$1.202\,7\times10^{2}$	$3.809\,4\times10^{-4}$
1 kcal mol⁻¹ =	$6.947\,7\times10^{-21}$	$1.660\,5\times10^{-21}$	$4.336\,4\times10^{-2}$	4.184	1	$1.048\,5\times10^{13}$	$3.497\,6\times10^{2}$	$5.032\,2\times10^{2}$	$1.593\,9\times10^{-3}$
1 Hz =	$6.626\,1\times10^{-34}$	$1.583\,7\times10^{-34}$	$4.135\,7\times10^{-15}$	$3.990\,3\times10^{-13}$	$9.537\,1\times10^{-14}$	1	$3.335\,6\times10^{-11}$	$4.799\,2\times10^{-11}$	$1.520\,1\times10^{-16}$
1 cm⁻¹ =	$1.986\,4\times10^{-23}$	$4.747\,7\times10^{-24}$	$1.239\,8\times10^{-4}$	$1.196\,3\times10^{-2}$	$2.859\,1\times10^{-3}$	$2.997\,9\times10^{10}$	1	1.438 8	$4.557\,1\times10^{-6}$
1 K =	$1.380\,6\times10^{-23}$	$3.299\,8\times10^{-24}$	$8.617\,3\times10^{-5}$	$8.314\,5\times10^{-3}$	$1.987\,2\times10^{-3}$	$2.083\,7\times10^{10}$	0.695 0	1	$3.167\,4\times10^{-6}$
1 hartree =	$4.359\,0\times10^{-18}$	$1.041\,8\times10^{-18}$	27.207	$2.625\,1\times10^{3}$	$6.274\,0\times10^{2}$	$6.578\,6\times10^{15}$	$2.194\,4\times10^{5}$	$3.157\,2\times10^{5}$	1

で，これは赤外光領域のエネルギーに相当する．電子配置を変化させるために必要なエネルギーは 10^4 cm^{-1} 以上のオーダーであり，紫外・可視光のエネルギーに相当する．対応するエネルギー領域の光を分子に照射することで，光の吸収が起こり，分子運動や電子が励起される．このような量子状態の変化を遷移といい，特に，光による遷移を**光学遷移**という．例えば振動遷移を観測したい場合，分子に赤外光を照射すればよい．しかし，赤外光の領域であればどの波長の光でも吸収されるわけではない．図 5.4 に示すように，対応する量子状態間のエネルギー差と共鳴したエネルギーをもつ光のみが吸収される．つまり

$$\Delta E = E_1 - E_0 = h\nu_{10} = \frac{hc}{\lambda} \tag{5.5}$$

を満たす波長をもつ光のみが吸収される．これを**ボーア（Bohr）の共鳴条件**または**振動数条件**という．共鳴条件はエネルギー保存則から要請される条件である．分子はとびとびの量子化されたエネルギー構造をもつ．それら量子状態間のエネルギー差にマッチングしたエネルギーの光のみが吸収されなければ，エネルギー保存則が満たされない．

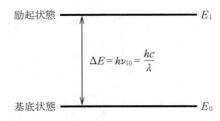

図 5.4 ボーアの共鳴条件（二準位間のエネルギー差 ΔE と光のエネルギー $h\nu_{10}$ が共鳴した場合に光の吸収が起こる）

スペクトルの観測においては，孤立した一つの分子を対象とするのではなく，分子の集団を対象とした観測を行う．この場合，すべての分子は同じ量子状態にあるわけではなく，さまざまな量子状態に対して熱的に分布している．つまり，エネルギーが高い準位にある分子もいればエネルギーが低い準位にある分子もいるのである．ここでは図のような二準位系を考え，基底状態および励起

5.2 分子のもつエネルギー準位と電磁波の領域 *85*

状態を占める分子密度（占有数という）をそれぞれ N_0, N_1 とし，それらの合計値は一定であるとする。N_0 と N_1 の比は**ボルツマン（Boltzmann）分布則**

$$\frac{N_1}{N_0} = \frac{g_1}{g_0} \exp\left(-\frac{\Delta E}{k_B T}\right) \tag{5.6}$$

で与えられる。ここで，g_0, g_1 はそれぞれ基底状態および励起状態の縮退度である。量子状態が縮退していない場合は $g = 1$ であり，例えば二重に縮退している場合（同じエネルギーをもつ異なる量子状態が二つ存在する場合）は $g = 2$ となる。また，式 (5.6) において ΔE は量子準位間のエネルギー差，k_B はボルツマン定数（分子 1 個あたりの気体定数），T は絶対温度である。$k_B T$ は熱エネルギーを表しており，300 K では波数単位で約 208.5 cm^{-1} である（J 単位のエネルギーを波数単位に変換するには hc で割ればよい。各自計算して確かめてみよ）。各量子状態の分子密度の比が，量子準位間のエネルギー差と縮退度に依存することは容易に理解できるであろう。エネルギー差が大きくなれば大きくなるほど，励起状態を占める分子は少なくなる。また，同じエネルギーをもつ準位が複数あった場合，それら準位を占める確率は等しくなる。具体例として，$T = 300$ K において $\Delta E = 1\,000$ cm^{-1} のエネルギー差をもつ二準位系について，基底状態に対する励起状態の分子密度の比を計算してみよう。ただし，縮退度は $g_0 = g_1 = 1$ とする。

$$\frac{N_1}{N_0} = e^{-1\,000/208.5} \cong 8.3 \times 10^{-3} \tag{5.7}$$

これは，励起状態には基底状態の分子密度の 0.83 ％しか分子が存在しないことを表している。

　式 (5.6) においてパラメーターとなるのは，エネルギー差 ΔE と，温度 T である。まず，エネルギー差の効果を考えてみよう。**図 5.5**（a）は温度を 300 K に固定して，ΔE を変化させた場合の N_1/N_0 の変化である。この際，簡単のためにそれぞれの準位の縮退度は 1，つまり縮退していないとしている。二準位間のエネルギー差が大きくなれば大きくなるほど，N_1/N_0 は小さくなっていく。これは，二準位間のエネルギー差が 300 K の熱エネルギーよりもはるか

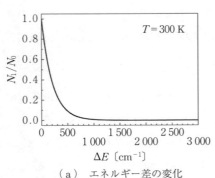
（a）エネルギー差の変化

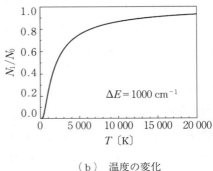
（b）温度の変化

図 5.5 ボルツマン分布（量子状態に対する熱的分布は準位間のエネルギー差 ΔE と温度 T に依存する）

に大きくなっていくと，熱エネルギーによって励起される分子が少なくなることを表している．また，図（b）には，エネルギー差を $1\,000\,\mathrm{cm}^{-1}$ に固定し，系の温度を変化させた場合の N_1/N_0 の変化を示した．温度が上昇すると，つまり熱エネルギーが増加すると，励起状態にある分子の数が増え，温度が無限大の極限では N_1/N_0 は 1 に収束する．つまり，温度が無限大の極限では，基底状態と励起状態の分子密度が等しくなるのである．温度が上がれば熱的に励起される分子密度も多くなることは直感的に理解できるであろう．演習問題 5.3 ではいくつかのエネルギー差に対して，いくつかの温度で基底状態に対する励起状態の分子密度の比を計算する．測定する温度や，測定対象によっては熱的に励起された分子からの信号が検出され，そのスペクトルは複雑になることがある．

5.3 吸収と放射の速度論

ここでは光の吸収および後続する放射の過程に関して，アインシュタインが提案した機構を速度論的に取り扱おう．**図 5.6** のような縮退していない二準位系を対象とする．基底状態のエネルギーを E_0，分子密度を N_0，励起状態のエネルギーを E_1，分子密度を N_1 とする．また，全分子密度を $N = N_0 + N_1$ とし，

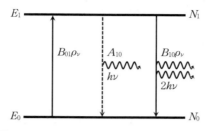

図5.6 アインシュタインの吸収と放射の分類

これは一定である．ここで，分子密度の単位は，単位体積あたりの分子数，つまり，〔molecules m^{-3}〕である（分子数 molecules は SI 単位ではないために省略されることもある）．

分子に光を照射すると**光吸収（誘導吸収）**が起こり，基底状態にある分子の一部が励起される．その速度は，基底状態の分子密度 N_0 と，二準位間のエネルギー差に共鳴する振動数 ν_{10} をもつ光のエネルギー密度 $\rho_\nu(\nu_{10})$（単位は〔J s m^{-3}〕）に比例する．基底状態に分子が多いほど，あるいは強い光を当てるほど，吸収の速度，つまり吸収の確率は大きくなる．これを速度式で表せば

$$-\frac{dN_0}{dt} = \frac{dN_1}{dt} = B_{01}\rho_\nu(\nu_{10})N_0 \qquad (5.8)$$

となる．速度は単位時間あたりの分子密度の変化と定義でき，その単位は〔molecules m^{-3} s^{-1}〕である（molecules は省略されることもある）．吸収によって基底状態の分子密度が減少するため，その時間微分にマイナスの符号がついている．今考えている系は量子状態を二つしかもたない系であるから，基底状態の分子密度の時間微分と励起状態の分子密度の時間微分の絶対値は等しくなる．式 (5.8) 中の B_{01} は**アインシュタインの B 係数**と呼ばれる吸収の速度定数で，その単位は〔J^{-1} s^{-2} m^3〕である．$B_{10}\rho_\nu(\nu_{10})$ で〔s^{-1}〕単位となり，吸収の確率を表す．

励起分子はいつまでも励起状態に留まっているわけではない．生成から短時間経過した後にはエネルギーを放出し基底状態に戻る．アインシュタインは励起分子が緩和して基底状態へ戻る道筋として**自然放射（蛍光）**と**誘導放射**の二

88   5. 光 と 分 子

つの過程を提案した。自然放射は励起分子が自発的に $E_1 - E_0$ のエネルギーを
もつ光を放射して安定化する過程である。その速度は，励起状態にある分子の
分子密度 N_1 に比例し

$$-\frac{\mathrm{d}N_0}{\mathrm{d}t} = \frac{\mathrm{d}N_1}{\mathrm{d}t} = -A_{10}N_1 \tag{5.9}$$

で与えられる。ここで A_{10} は**アインシュタインの A 係数**（蛍光の確率）であ
り，その単位は〔s^{-1}〕である。式 (5.9) の右辺のマイナスの符号は自然放射
によって励起状態の分子密度が減少する効果を表している。

　誘導放射は励起状態にある分子が二準位間のエネルギー差に共鳴する振動数
ν_{10} をもつ光にさらされることで光子を放出し，基底状態へと緩和する過程で
ある。誘導放射の速度は励起状態にある分子の分子密度 N_1 と光のエネルギー
密度 $\rho_\nu(\nu_{10})$ に比例し

$$-\frac{\mathrm{d}N_0}{\mathrm{d}t} = \frac{\mathrm{d}N_1}{\mathrm{d}t} = -B_{10}\rho_\nu(\nu_{10})N_1 \tag{5.10}$$

と表される。ここで，B_{10} は誘導放射の速度定数（アインシュタインの B 係数）
である。この際，誘導放射を引き起こした光子は分子に吸収されるわけではな
い。つまり，誘導放射は一つの光子がもう一つの光子を引き出し，結果として
光の強度が増幅される過程である。この誘導放射過程はレーザー発振において
非常に重要な役割を果たしている。**レーザー**とは「light amplification by
stimulated emission of radiation」の頭文字（LASER）をとった造語で，日本語
でいえば「輻射の誘導放射による光増幅」である。媒質中における多段階の誘
導放射による光の増幅を利用することで，単色性・指向性に優れる高強度の
レーザー光が得られる。

　さて，光にさらされた分子は吸収，自然放射，誘導放射の過程を同時に起こ
す。その結果，正味の分子密度の変化速度は式 (5.8) から式 (5.10) の和で表
されるから

$$-\frac{\mathrm{d}N_0}{\mathrm{d}t} = \frac{\mathrm{d}N_1}{\mathrm{d}t} = B_{01}\rho_\nu(\nu_{10})N_0 - A_{10}N_1 - B_{10}\rho_\nu(\nu_{10})N_1 \tag{5.11}$$

となる。分子に光を照射してからある程度時間が経過すれば，吸収過程と放射

過程の速度が見かけ上つり合った平衡状態へ到達する。そのとき，吸収の速度と放射の速度は等しくなり，正味の分子密度の変化はないから式 (5.11) を 0 とおくことができ

$$B_{01}\rho_\nu(\nu_{10})N_0 = B_{10}\rho_\nu(\nu_{10})N_1 + A_{10}N_1 \tag{5.12}$$

が成立する。平衡状態においては，式 (5.6) のボルツマン分布則が成立するから

$$\frac{N_1}{N_0} = \frac{B_{01}\rho_\nu(\nu_{10})}{A_{10}+B_{10}\rho_\nu(\nu_{10})} = \exp\left(-\frac{h\nu_{10}}{k_\mathrm{B}T}\right) \tag{5.13}$$

である。これを $\rho_\nu(\nu_{10})$ について解くと

$$\rho_\nu(\nu_{10}) = \frac{A_{10}}{B_{01}}\frac{1}{\mathrm{e}^{h\nu_{10}/(k_\mathrm{B}T)}-(B_{10}/B_{01})} \tag{5.14}$$

となる。この $\rho_\nu(\nu_{10})$ は平衡状態において振動数 ν_{10} をもつ光のエネルギー密度で，**プランクの分布式**

$$\rho_\nu(\nu_{10}) = \frac{8\pi h\nu_{10}^3}{c^3}\frac{1}{\mathrm{e}^{h\nu_{10}/(k_\mathrm{B}T)}-1} \tag{5.15}$$

と恒等的に一致する。したがって，アインシュタインの A 係数および B 係数の間の関係式として

$$B_{10} = B_{01} \tag{5.16a}$$

$$A_{10} = B_{10}\frac{8\pi h\nu_{10}^3}{c^3} = B_{01}\frac{8\pi h\nu_{10}^3}{c^3} \tag{5.16b}$$

が得られる。

ここでは詳細な導出は省略するが（付録 D 参照），量子力学的な取扱いによれば，アインシュタインの A 係数および B 係数は

$$A_{10} = \frac{16\pi^3\nu_{10}^3}{3\varepsilon_0 hc^3}|\mu_\mathrm{trs}|^2 \tag{5.17a}$$

$$B_{10} = \frac{2\pi^2}{3\varepsilon_0 h^2}|\mu_\mathrm{trs}|^2 \tag{5.17b}$$

と書けることがわかっている。μ_trs は二準位間の**遷移双極子モーメント**で

$$\mu_\mathrm{trs} = \int \psi_\mathrm{fin}^*\mu\psi_\mathrm{ini}\mathrm{d}\tau \tag{5.18}$$

と定義される。ここで $\mathrm{d}\tau$ は積分因子であり，例えば三次元直交座標系では $\mathrm{d}\tau$

= dxdydz である。また，ψ_{ini} および ψ_{fin} はそれぞれ遷移前の状態（始状態）および遷移後の状態（終状態）の波動関数である。式 (5.18) 中の μ は**双極子モーメント**（電気双極子モーメント）で，図 5.7 に示すように二つの極性の異なる点電荷が距離 r だけ離れて配置されている際に，負電荷から正電荷へのベクトルとして定義される。その大きさは電荷を q として

$$\mu = qr \tag{5.19}$$

と表される。

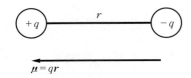

図 5.7　双極子モーメント（負電荷から正電荷へのベクトルである）

　式 (5.18) で表される遷移双極子モーメントは遷移における電荷の再分配の度合いを表す量であり，光学遷移を考える上で非常に重要な量である。式 (5.17a, b) からわかるように，遷移確率は遷移双極子モーメントの 2 乗に比例する。したがって，遷移が観測されるためには $\mu_{\text{trs}} \neq 0$ でなければならない。このような遷移を**許容遷移**という。$\mu_{\text{trs}} = 0$ の場合，**禁制遷移**と呼ばれ，そのような遷移は起こらないか，あるいはその確率は非常に小さくなる。つまり，遷移の間に分子内電荷の偏りが変化する場合にのみ，その遷移を観測することが可能である。

　以上のアインシュタインによる吸収と放射の取扱いから，吸収と誘導放射の確率は等しいことと，$A_{10} \propto \nu_{10}^3$ だから二つの量子準位間のエネルギー差が大きくなると自然放射の確率はエネルギー差の 3 乗に比例して増大するという結論が得られる。

5.4 ランベルト-ベールの法則

ここまでは遷移の速度，つまり遷移確率の議論を行ってきた。ここでは，分子による光の吸収を光強度の減衰として定量化しよう。図5.8のように，ある振動数の入射光の強度を I_0，吸収媒質を透過した後の光（透過光）の強度を I とする。ここで強度 I は単位面積，単位時間あたりの光のエネルギーで単位は $[\mathrm{J\,s^{-1}\,m^{-2}}]$ である。これらの比

$$T = \frac{I}{I_0} \tag{5.20}$$

を**透過率**または**透過度**という。%で表したものを透過率という場合もある。透過率の逆数の常用対数をとったものを**吸光度**といい

$$A = \log_{10}\frac{1}{T} = \log_{10}\frac{I_0}{I} \tag{5.21}$$

と定義する。吸光度は，**ランベルト-ベール（Lambert-Beer）の法則**

$$A = \varepsilon c L \tag{5.22}$$

によって，分子（試料）の性質と結びつけられる。ここで，ε は**モル吸光係数**と呼ばれる分子（試料）固有の値であり，その単位は $[\mathrm{L\,mol^{-1}\,m^{-1}}]$ である。

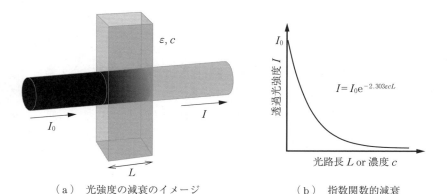

(a) 光強度の減衰のイメージ　　　　(b) 指数関数的減衰

図5.8 ランベルト-ベールの法則（分子が光を吸収することで透過光強度が減少する。光路長または分子濃度に対して指数関数的に減衰する。）

92   5. 光 と 分 子

また，c は試料の濃度〔$mol\,L^{-1}$〕，L は吸収媒質長〔m〕である。底の変換を行い，自然対数を用いて表現しよう。

$$\log_{10}\frac{I_0}{I}=\frac{\ln(I_0/I)}{\ln 10}\cong\frac{\ln(I_0/I)}{2.303} \tag{5.23}$$

だから

$$I=I_0 e^{-2.303\varepsilon cL} \tag{5.24}$$

となる。したがって，吸収がある場合，試料を透過して出てくる光の強度は試料の濃度と媒質の長さに対して指数関数的に減衰する（図5.8（b））。式(5.24) は，試料の濃度が濃いほど（つまり分子が多いほど），また，吸収媒質長が長いほど，試料中の分子が光を吸収する確率が高くなることを表している。実際に，微量物質の検出においては，検出光を試料中で多重反射させることで実効的な媒質長を伸ばすといった工夫がなされている。

フラックス F（単位面積，単位時間あたりの光子数で単位は〔$s^{-1}m^{-2}$〕）を用いれば，光の強度は

$$I=h\nu F \tag{5.25}$$

と表される。光の振動数が幅 $\Delta\nu$ をもち，$\nu\pm\Delta\nu/2$ の範囲にあるとすると，光の単位体積あたりのエネルギーは $\rho_\nu\Delta\nu$ であるから

$$I=h\nu F=c\rho_\nu\Delta\nu \tag{5.26}$$

または

$$\rho_\nu=\frac{h\nu F}{c\Delta\nu} \tag{5.27}$$

となる。通常，測定に用いられるセルは $L=1\,cm$ 程度であるから，セル中を光が通過する時間は 10^{-11} 秒オーダーである。一方で，自然放射のタイムスケールは 10^{-9} 秒オーダーであるから，光が吸収媒質を通過している間，自然放射が起こらないと仮定することができる。式 (5.11) において自然放射の項を無視し，また式 (5.16a) より

$$\begin{aligned}\frac{dN_0}{dt}&=-B_{10}\rho_\nu(N_0-N_1)=-B_{10}\frac{h\nu F}{c\Delta\nu}(N_0-N_1)\\&=-\sigma F(N_0-N_1)\end{aligned} \tag{5.28}$$

5.5 振動子強度　93

を得る。ここで

$$\sigma = B_{10} \frac{h\nu}{c\Delta\nu} = A_{10} \frac{c^2}{8\pi\nu^2\Delta\nu} \tag{5.29}$$

とおいた。これは**吸収断面積**と呼ばれる量で，〔$m^2\,molecule^{-1}$〕の単位をもつ（$molecule^{-1}$ は省略されることもある）。この吸収断面積は光を吸収する実効的な分子 1 個あたりの断面積を表す。

光が媒質中を dL だけ通過した場合のフラックスの変化 dF は

$$\frac{dF}{dL} = \frac{dN_0}{dt} = -\sigma F(N_0 - N_1) \tag{5.30}$$

だから，変数分離して両辺を積分すれば

$$\int_{F_0}^{F} \frac{dF}{F} = -\sigma(N_0 - N_1)\int_0^L dL \tag{5.31}$$

であり，式 (5.25) より透過光強度は

$$I = I_0 e^{-\sigma(N_0 - N_1)L} \tag{5.32}$$

となる。式 (5.32) において，$N_0 \gg N_1$ の場合には，$N_0 - N_1 \cong N_0$ となるから

$$I = I_0 e^{-\sigma N_0 L} \tag{5.33}$$

となり，これは式 (5.24) と等価である。したがってモル吸光係数は，吸収断面積およびアインシュタインの A 係数および B 係数と関係づけられる，遷移確率を表す量である。

5.5　振　動　子　強　度

電子遷移における遷移確率の指標として，しばしば**振動子強度** f と呼ばれる物理量が用いられる。この振動子強度は水素原子の原子核–電子の運動を，ある共鳴振動数 $\nu_{n', n''}$ をもつ調和振動子とみなし，その $v=1 \leftarrow v=0$ 遷移の遷移確率を基準とした，遷移強度を相対的に表す無次元量である。ここでは振動子強度の定義を導出し，これまでに出てきた遷移確率を表す物理量との関係を示す。

まず，調和振動子の $v=1 \leftarrow v=0$ 遷移の遷移双極子モーメントを求めよう。調和振動子の $v=0$ および $v=1$ の波動関数はそれぞれ

94   5. 光 と 分 子

$$\psi_0(x) = \left(\frac{\alpha}{\pi}\right)^{1/4} e^{-\alpha x^2/2} \tag{5.34a}$$

$$\psi_1(x) = \left(\frac{4\alpha^3}{\pi}\right)^{1/4} x e^{-\alpha x^2/2} \tag{5.34b}$$

であり

$$\alpha = \sqrt{\frac{k_{\mathrm{f}} m_{\mathrm{e}}}{\hbar^2}} \tag{5.35}$$

である（表4.2参照）。ここで，水素原子核（陽子）は電子に比べて十分に重いため，この調和振動子の換算質量を電子の質量 m_{e} で近似している（つまり，陽子は静止しており，電子のみが運動していると考える）。さて，遷移双極子モーメントは電子の電荷（電荷素量）を e として

$$\mu_{1,0}^{\mathrm{H}} = \int_{-\infty}^{+\infty} \psi_1(ex)\psi_0 \, \mathrm{d}x = \left(\frac{4\alpha^4}{\pi^2}\right)^{1/4} e \int_{-\infty}^{+\infty} x^2 e^{-\alpha x^2} \, \mathrm{d}x = \frac{e}{2}\sqrt{\frac{\hbar}{m_{\mathrm{e}}\pi\nu_{n',n''}}} \tag{5.36}$$

と計算される。ここで，積分公式

$$\int_{-\infty}^{+\infty} y^2 e^{-y^2} \, \mathrm{d}y = \frac{\sqrt{\pi}}{2} \tag{5.37}$$

と，調和振動子の振動数が

$$\nu_{n',n''} = \frac{1}{2\pi}\sqrt{\frac{k_{\mathrm{f}}}{m_{\mathrm{e}}}} \tag{5.38}$$

であることを用いた。式 (5.36) は一次元調和振動子の遷移双極子モーメントであり，これを三次元に拡張する（三次元等方調和振動子を考えればよいので3倍する）と単位時間あたりの遷移確率は

$$P_{1,0}^{\mathrm{H}} = B_{1,0}^{\mathrm{H}}\rho_\nu(\nu_{n',n''}) = \frac{3}{6\varepsilon_0\hbar^2}|\mu_{1,0}^{\mathrm{H}}|^2\rho_\nu(\nu_{n',n''}) = \frac{e^2}{4m_{\mathrm{e}}\varepsilon_0 h\nu_{n',n''}}\rho_\nu(\nu_{n',n''}) \tag{5.39}$$

となる。一般の原子や分子が状態 n'' から n' に遷移する場合では

$$P_{n',n''} = B_{n',n''}\rho_\nu(\nu_{n',n''}) = \frac{1}{6\varepsilon_0\hbar^2}|\mu_{n',n''}|^2\rho_\nu(\nu_{n',n''}) = \frac{2\pi^2}{3\varepsilon_0 h^2}|\mu_{n',n''}|^2\rho_\nu(\nu_{n',n''})$$

$$\tag{5.40}$$

と書ける。これら式 (5.39) と式 (5.40) の比

$$f_{n', n''} = \frac{P_{n', n''}}{P_{1, 0}^{\mathrm{H}}} = \frac{B_{n', n''}}{B_{1, 0}^{\mathrm{H}}} = \frac{8\pi^2 m_{\mathrm{e}} \nu_{n', n''}}{3he^2} |\mu_{n', n''}|^2 \tag{5.41}$$

を振動子強度 $f_{n', n''}$ として定義する。演習問題 5.6 ではこれまで定義してきた遷移確率を表す量と振動子強度の関係式を導出する。

演 習 問 題

問題 5.1 携帯電話の通信に使用される電波の振動数は 800 MHz である。対応する波長 λ とエネルギー E を計算せよ。

問題 5.2 波長が 1 nm の X 線，500 nm の可視光，30 cm の電波について，振動数 ν と波数 $\tilde{\nu}$，および 1 光子あたりのエネルギー E を計算せよ。

問題 5.3 エネルギー差が $100\ \mathrm{cm}^{-1}$，$1\,000\ \mathrm{cm}^{-1}$，$10\,000\ \mathrm{cm}^{-1}$ の二準位系について，$T = 300$ K および $1\,000$ K における基底状態の分子密度に対する励起状態の分子密度の比 N_1/N_0 を計算せよ。ただし縮退度は $g_0 = g_1 = 1$ とする。

問題 5.4 モル吸光係数と吸収断面積の関係を示せ。

問題 5.5 オゾン層の実効的な分子濃度は，光路長 1 cm あたり 7.0×10^{18} molecules cm^{-3} に相当する。オゾン濃度が 5% 減少したとき，地表に到達する波長 290 nm の紫外光はどの程度増加するか。オゾンの 290 nm における吸収断面積は 2.0×10^{-18} molecule^{-1} cm^2 である。

問題 5.6 振動子強度とアインシュタインの A 係数，B 係数および吸収断面積に以下の関係式が成立することを示せ。

$$A_{n', n''} = \frac{2\pi e^2 \nu_{n', n''}^2}{\varepsilon_0 m_{\mathrm{e}} c^3} f_{n', n''} \tag{5.42}$$

$$B_{n', n''} = \frac{e^2}{4\varepsilon_0 m_{\mathrm{e}} h\nu_{n', n''}} f_{n', n''} \tag{5.43}$$

$$\sigma = \frac{e^2}{4\varepsilon_0 m_{\mathrm{e}} c\Delta\nu} f_{n', n''} \tag{5.44}$$

6.

回 転 分 光 学

　気相に孤立した分子は空間を自由に回転している（液相などの凝縮相では溶媒分子との相互作用から回転運動は制限される）。分子回転のエネルギー差はマイクロ波領域の電磁波のエネルギーと同程度であるから，気相分子にマイクロ波を照射することで，その回転状態の変化，つまり回転遷移を観測することができる。

6.1　純 回 転 遷 移

　4.5節では剛体回転子モデルの量子力学的エネルギーが

$$E_J = \frac{\hbar^2}{2I} J(J+1), \quad J = 0, 1, 2, \cdots \tag{6.1}$$

で与えられることを説明した。I は慣性モーメントで

$$I = \mu r^2 \tag{6.2}$$

である。ここで μ は換算質量，r は核間距離である。量子状態のエネルギーは J にのみ依存するが，量子状態は J, M の二つの回転量子数で規定され，その縮退度は

$$g_J = 2J+1 \tag{6.3}$$

と表される。

　式 (6.1) は回転エネルギーを〔J〕単位で表記している。分光学ではエネルギーを波数単位で表すことが通例となっているから，式 (6.1) を波数単位に書き直そう。式 (6.1) を hc で割ると

6.1 純回転遷移

$$F(J) = \frac{h}{8\pi^2 cI} J(J+1), \quad J = 0, 1, 2, \cdots \tag{6.4}$$

となる。この $F(J)$ を**回転項**と呼ぶ。この項とはエネルギーを波数単位で表したものを指す。**図 6.1** には回転準位の構造を，いくつかの J の値について示した。式 (6.4) において $J(J+1)$ の係数部分は分子の質量（換算質量）と核間距離で決まる分子固有の定数であるから

$$\tilde{B} = \frac{h}{8\pi^2 cI} \tag{6.5}$$

とおくのが便利である。これを**回転定数**といい，その単位は $[\mathrm{cm}^{-1}]$ である。慣性モーメントが分子の「回転のしにくさ」を表していたので，その逆数に比例する回転定数は簡単にいえば分子の「回転しやすさ」を表す量である。図に示すように，剛体回転子の各回転準位間の間隔は $2\tilde{B}$, $4\tilde{B}$, $6\tilde{B}$, …のように $2\tilde{B}$ ずつ広くなっていく。

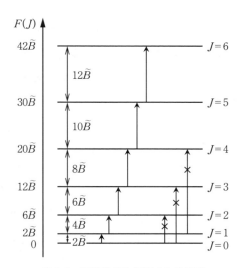

図 6.1 回転準位と観測される遷移

5.3 節では，光と分子の相互作用が起こるためには運動の間に分子内の電荷の偏りが変化する必要があることを説明した。分子が回転したとしても，その空間的配向が変わるだけで分子の構造は変化しない。回転運動状態の変化が起

こるときに電荷の偏りの変化が起こるためには，分子がもともと電荷の偏り，つまり双極子モーメント（永久双極子モーメント）をもっている必要がある。したがって，等核二原子分子はマイクロ波を吸収することはできず，回転スペクトルを観測することはできない。その一方で，すべての異核二原子分子では回転スペクトルを観測することができる。詳細な導出は付録 E に譲るが，回転遷移には回転量子数の変化にも制限があり

$$\Delta J = \pm 1 \quad (+1 \text{ は吸収, } -1 \text{ は発光}) \tag{6.6}$$

を満たす遷移のみが観測される。ここで，ΔJ は遷移後の回転量子数 J' と遷移前の回転量子数 J'' の差である。ΔJ が $+1$ の場合，遷移後の量子数は遷移前よりも 1 大きくなるので，これは吸収に対応している。ΔJ が -1 の場合，遷移後の量子数は遷移前よりも 1 小さくなるので，これは発光に対応している。このような遷移に伴う量子数の変化に関するルールを**遷移選択律**といい，遷移選択律に従った遷移を許容遷移，従わない遷移を禁制遷移という。通常，禁制遷移は観測されない。図 6.1 には許容遷移と禁制遷移を矢印で示してある。

式 (6.6) の遷移選択律によれば J の値が一つ変化する遷移のみが許容されるから，遷移の吸収波数 $\tilde{\nu}_{\text{obs}}$ は，ある量子数 J の準位の回転項 $F(J)$ とその一つ上の準位の回転項 $F(J+1)$ の差

$$\begin{aligned}\tilde{\nu}_{\text{obs}} &= F(J+1) - F(J) = \tilde{B}(J+1)(J+2) - \tilde{B}J(J+1) \\ &= 2\tilde{B}(J+1)\end{aligned} \tag{6.7}$$

で表される。回転スペクトルは $2\tilde{B}$ ごとの等間隔な吸収線から構成されており，その線間隔から回転定数 $\tilde{B}$ が得られ，したがって，分子の核間距離 r が決定される。図 6.2 には一酸化炭素分子 CO の回転スペクトルを示したが，ほ

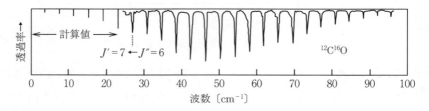

図 6.2　CO 分子の純回転スペクトル［文献 2) を元に著者作成］

ぼ等間隔な吸収線が見られる．図中の″はエネルギーの低い状態（ここでは始状態），′はエネルギーの高い状態（ここでは終状態）を表す．

6.2 回転スペクトルの様相

回転量子状態間のエネルギー差は，室温のエネルギーと比べると非常に小さい．したがって，室温の条件下では，分子は多くの回転状態を占有している．図 6.2 からわかるように，回転スペクトルの強度は J が大きくなるにつれ増大し，極大を通ったのち減少していく．吸収スペクトルの強度は照射する光の強度が一定であれば，各回転線の遷移確率と各回転状態の分子密度に比例する．ここでは簡単のために，各回転線で遷移確率は等しいと仮定しよう（厳密には各回転線で遷移確率が異なる．詳細は参考図書 5) などを見よ）．ある温度 T において，J という回転量子数をもつ量子状態を占有する確率 P_J はボルツマン分布則に従うので

$$P_J \propto g_J \exp\left\{-\frac{hc\tilde{B}J(J+1)}{k_{\mathrm{B}}T}\right\} = (2J+1)\exp\left\{-\frac{hc\tilde{B}J(J+1)}{k_{\mathrm{B}}T}\right\} \quad (6.8)$$

で与えられる．ここで回転準位は $g_J = 2J+1$ 重に縮退していることに注意されたい．この分布は**図 6.3** に示すように極大をもつ．演習問題 6.3 では分子密度の極大を与える J を求める式を導出する．ある量子準位からの吸収強度は，そ

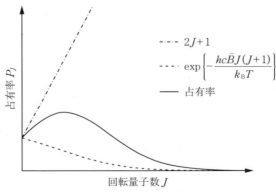

図 6.3 回転状態の占有率の分布

の量子準位に存在する分子数に比例するから，回転線の強度は極大をもつ山なりなパターンを示す．

6.3 遠心力の効果

ここまで，分子は剛体であるとして扱ってきた．つまり，分子の核間距離はつねに一定であると仮定していたわけである．**図 6.4** のように，物体が回転するとその回転軌道の外向きに**遠心力**が働く．

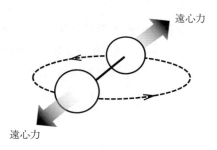

図 6.4 分子回転による遠心力

この遠心力は角速度の 2 乗に比例するので，回転が速くなればなるほど大きくなる．実際の分子では回転が速くなると，遠心力によって化学結合が伸びる．回転定数は核間距離の 2 乗に反比例するので，分子回転によって化学結合が伸びれば，実効的な回転定数は減少する．つまり，実効的な回転定数は J に依存して減少する．この効果を

$$\tilde{B} = \tilde{B}_e - \tilde{D}_e J(J+1) \tag{6.9}$$

と書く．ここで，$\tilde{B}_e$ は平衡核間距離 r_e における回転定数，$\tilde{D}_e$ は**遠心歪み定数**で，これら定数の単位は〔cm^{-1}〕である．式 (6.9) の右辺，遠心歪み定数のマイナスの符号は，遠心力によって核間距離が伸び，結果として実効的な回転定数が減少する効果を表している．巻末付録の表 G.1 にはいくつかの二原子分子の回転定数や遠心歪み定数を示してあるが，通常，遠心歪み定数は正の値をもち，回転定数よりも 4〜6 桁程度小さい．したがって，回転量子数が小さい

6.3 遠心力の効果 101

場合は回転項に対してほとんど影響しないが，高い回転状態を考える際には重要になる。

　遠心歪み定数は化学結合のかたさ，したがって，分子の振動波数と関係している。ここでは二原子分子における遠心歪み定数を導出しよう。分子回転によって生じる遠心力 F_c は

$$F_c = \frac{\mu v_{\mathrm{rot}}^2}{r} = \mu \omega_{\mathrm{rot}}^2 r = \frac{\mathcal{J}^2}{\mu r^3} \tag{6.10}$$

と書くことができる。ここで ω_{rot} は分子回転の角速度，$\mathcal{J}$ は角運動量である。調和振動子の復元力 F_r は力の定数を k_f として

$$F_r = -k_f(r - r_e) \tag{6.11}$$

で与えられる。遠心力と復元力の向きは反対だから，これらのつり合い $(F_c = -F_r)$ を考えると

$$\mu \omega_{\mathrm{rot}}^2 r = k_f(r - r_e) \tag{6.12}$$

であることから，結合長 r は

$$r = \frac{k_f r_e}{k_f - \mu \omega_{\mathrm{rot}}^2} = \left(\frac{1}{1 - \mu \omega_{\mathrm{rot}}^2 / k_f} \right) r_e \cong \left(1 + \frac{\mu \omega_{\mathrm{rot}}^2}{k_f} \right) r_e \tag{6.13}$$

と表すことができる。ここで $x \ll 1$ のとき

$$\frac{1}{1-x} \cong 1 + x \tag{6.14}$$

であることを利用した。さて，伸縮可能な二原子分子の古典的全エネルギーは

$$E = \frac{\mathcal{J}^2}{2\mu r^3} + \frac{1}{2} k_f(r - r_e)^2 = \frac{\mathcal{J}^2}{2\mu r^2} + \frac{\mu^2 \omega_{\mathrm{rot}}^4 r_e^2}{2k_f} \tag{6.15}$$

で与えられる。また，式 (6.12) より

$$\frac{1}{r} = \frac{1 - (\mu \omega_{\mathrm{rot}}^2 / k_f)}{r_e} \tag{6.16}$$

であるから

$$\frac{1}{r^2} = \frac{1}{r_e^2} \left(1 - \frac{\mu \omega_{\mathrm{rot}}^2}{k_f} \right)^2 \cong \frac{1}{r_e^2} \left(1 - \frac{2\mu \omega_{\mathrm{rot}}^2}{k_f} \right) = \frac{1}{r_e^2} \left(1 - \frac{2\mathcal{J}^2}{k_f \mu r^4} \right) \tag{6.17}$$

となる。ここで $x \ll 1$ のとき

$$(1-x)^2 \cong 1 - 2x \tag{6.18}$$

102 　6. 回 転 分 光 学

であることを利用した。$r \cong r_\mathrm{e}$ を仮定すると

$$\frac{1}{r^2} \cong \frac{1}{r_\mathrm{e}^2} - \frac{2\mathcal{J}^2}{k_\mathrm{f}\mu r_\mathrm{e}^6} \tag{6.19}$$

となるから，古典的エネルギーは

$$E = \frac{\mathcal{J}^2}{2\mu r_\mathrm{e}^2} - \frac{\mathcal{J}^4}{2k_\mathrm{f}\mu^2 r_\mathrm{e}^6} \tag{6.20}$$

と書くことができる。角運動量の2乗の量子力学的固有値 $\mathcal{J}^2 \rightarrow J(J+1)\hbar^2$ および4乗の固有値 $\mathcal{J}^4 \rightarrow J^2(J+1)^2\hbar^4$ を利用すれば，量子力学的エネルギーは

$$\begin{aligned}
E_J &= \frac{\hbar^2}{2\mu r_\mathrm{e}^2} J(J+1) - \frac{\hbar^4}{2k_\mathrm{f}\mu^2 r_\mathrm{e}^6} J^2(J+1)^2 \\
&= \frac{h^2}{8\pi^2\mu r^2} J(J+1) - \frac{h^4}{32\pi^4 k_\mathrm{f}\mu^2 r_\mathrm{e}^6} J^2(J+1)^2
\end{aligned} \tag{6.21}$$

となるから，これを hc で割り，回転項に直せば

$$\begin{aligned}
F(J) &= \frac{h}{8\pi^2 cI} J(J+1) - \frac{h^3\mu}{32\pi^4 k_\mathrm{f} cI^3} J^2(J+1)^2 \\
&= \tilde{B}_\mathrm{e} J(J+1) - \frac{4\tilde{B}_\mathrm{e}^3}{\tilde{\nu}_\mathrm{e}^2} J^2(J+1)^2
\end{aligned} \tag{6.22}$$

となる。ここで

$$I = \mu r_\mathrm{e}^2 \tag{6.23}$$

は慣性モーメントであり

$$\tilde{\nu}_\mathrm{e} = \frac{1}{2\pi c}\sqrt{\frac{k_\mathrm{f}}{\mu}} \tag{6.24}$$

は二原子分子の調和振動波数である。したがって，二原子分子の遠心歪み定数は

$$\tilde{D}_\mathrm{e} = \frac{4\tilde{B}_\mathrm{e}^3}{\tilde{\nu}_\mathrm{e}^2} \tag{6.25}$$

で与えられる。この式は**クラッツア（Kratzer）の関係式**として知られている。遠心歪み定数は振動波数の2乗に反比例するので，力の定数が大きな，つまりかたい分子ほど，遠心歪み定数は小さくなる。ちなみに，非常に高い回転状態を生成すると，化学結合が遠心力に負けて分子が解離してしまう現象も観測さ

れている。

遠心歪みの効果を考えれば，回転項は

$$F(J) = \tilde{B}_e J(J+1) - \tilde{D}_e J^2(J+1)^2 \tag{6.26}$$

となる。遠心歪みを考慮した場合，剛体回転子モデルよりもわずかに回転エネルギーが低下する。したがって，回転スペクトルの吸収線の間隔は J が大きくなるにつれてわずかに $2\tilde{B}$ よりも狭くなっていく（演習問題6.4）。

高い回転状態まで観測が可能な場合，つまり，より多くの回転線が観測できる場合，遠心歪みの効果を考慮した式 (6.26) だけでは不十分な場合がある。そのような場合

$$F(J) = \tilde{B}_e J(J+1) - \tilde{D}_e J^2(J+1)^2 + \tilde{H}J^3(J+1)^3$$
$$+ \tilde{L}J^4(J+1)^4 + \tilde{M}J^5(J+1)^5 \cdots \tag{6.27}$$

のように高次の補正項を加えて回転項を取り扱い，実測のエネルギーを再現するように定数を決定する。高次の定数 $\tilde{H}$, $\tilde{L}$, $\tilde{M}$, …は補正項以外の意味をもたず，正の値になる場合も負の値になる場合もある。高次の項は遠心歪み定数に比べて数桁小さくなるので，低い回転状態においてはほとんど影響しない。

6.4　多原子分子の回転

ここまで，剛体回転子モデルの回転項が式 (6.4) で与えられることを前提に議論を進めてきた。しかし，これは質量中心を通り分子軸に垂直な軸のまわりの回転のみによって分子の回転運動が記述されるという特別な場合にのみあてはまる取扱いである。つまり，二原子分子や直線分子にしか適用できない。一般的な多原子分子，例えばクロロメタン分子 CH_3Cl を考えると，C-Cl 結合に垂直な軸まわりの回転のほかに，C-Cl 軸を回転軸とする回転運動が可能である（図6.5 (a)）。また，水分子 H_2O の場合には図 (b) 中の x 軸，y 軸，z 軸のそれぞれのまわりの回転運動が可能である。実際の気相分子は，これら軸のまわりの回転を同時に行なっている。

多原子分子の形はさまざまであるが，各軸に対する慣性モーメントの大きさ

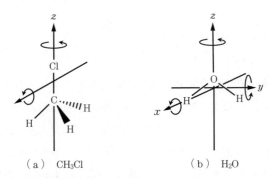

図 6.5　多原子分子の回転運動
　　　（非直線分子では三つの軸のまわりの回転運動がある。）

によって分類することができる。分子の質量中心を通るある回転軸 k のまわりの慣性モーメントは構成原子の質量と，軸 k からその原子までの距離の2乗をかけたものと定義される。

$$I_k = \sum_i m_i r_{i,k}^2 \tag{6.28}$$

ここで，$r_{i,k}$ は軸 k から原子 i までの垂直距離である。例えば図 6.6 に示す H_2O 分子の場合，z 軸のまわりの慣性モーメントは

$$I_z = m_H x_H^2 + 0 + m_H x_H^2 = 2 m_H x_H^2 \tag{6.29}$$

と書ける（これは H_2O 分子を z 軸上から眺めてみれば容易にわかる）。さらに，O–H の結合長 R と角度 ϕ を利用すると

$$I_z = 2 m_H R \sin^2 \phi \tag{6.30}$$

となる。

一般に，任意の分子の回転運動は，分子内に設定した3本のたがいに垂直な

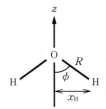

図 6.6　H_2O 分子の座標の定義

軸のまわりの慣性モーメントを用いて記述される。これらの慣性モーメントが $I_a \leqq I_b \leqq I_c$ の関係を満たすように，各軸に対して **a 軸**，**b 軸**，**c 軸** と名称をつける。例えば，H_2O 分子であれば図 6.5（b）中の z 軸が a 軸，x 軸が b 軸，y 軸が c 軸である（演習問題 6.6 では x 軸および y 軸まわりの慣性モーメントを計算する）。各軸まわりの慣性モーメントの大きさによって，つぎのように分類する。

- **直線分子**：$I_a = 0$，$I_b = I_c$（二原子分子，CO_2，N_2O 等）
- **球対称コマ分子**：$I_c = I_b = I_a$（CH_4 や SF_6 等）
- **偏長対称コマ分子**：$I_a < I_b = I_c$（CH_3Cl や C_2H_6 等）
- **偏平対称コマ分子**：$I_a = I_b < I_c$（C_6H_6 や NH_3 等）
- **非対称コマ分子**：$I_a < I_b < I_c$（H_2O，SO_2 等）

表 6.1 には種々の構造の分子に対する慣性モーメントの式を示した。対称コマ分子には二つの等価な回転運動と，異なる一つの回転運動がある。この一つの回転の軸を**主軸**と呼び，これは分子内に定義される z 軸と考えてよい（主軸の洗練された定義は 10 章を参照）。

ここからは，各形状に対する回転エネルギーを導出していこう。ただし，非対称コマ分子の量子力学的回転エネルギーは複雑であるため，ここでは取り扱わない（詳細は専門書，例えば参考図書 5），7）を参照のこと）。分子が剛体回転子であるとすれば，ある軸 j のまわりの回転エネルギーは

$$E_j = \frac{1}{2} I_j \omega_j^2 \tag{6.31}$$

と書ける。ここで ω_j は軸 j のまわりで回転する角速度である。したがって，全回転エネルギーは

$$E = E_a + E_b + E_c = \frac{1}{2} I_a \omega_a^2 + \frac{1}{2} I_b \omega_b^2 + \frac{1}{2} I_c \omega_c^2 \tag{6.32}$$

となる。角運動量

$$\mathcal{J}_j = I_j \omega_j \tag{6.33}$$

を用いて書けば，回転エネルギーは

106   6. 回 転 分 光 学

表 6.1　種々の構造に対する慣性モーメント

m_A◯—R—◯m_B 二原子分子	$I = \mu R^2, \quad \mu = \dfrac{m_A m_B}{m}$
m_A◯—R_1—◯m_B—R_2—◯m_C 直線分子	$I = m_A R_1^2 + m_C R_2^2 - \dfrac{(m_A R_1 - m_C R_2)^2}{m}$
偏平対称コマ分子	$I_{\parallel} = 2m_A(1 - \cos\theta)R^2$ $I_{\perp} = m_A(1 - \cos\theta)R^2 + \dfrac{m_A m_B}{m}(1 + 2\cos\theta)R^2$
偏長対称コマ分子	$I_{\parallel} = 2m_A(1 - \cos\theta)R_1^2$ $I_{\perp} = m_A(1 - \cos\theta)R_1^2 + \dfrac{m_A}{m}(m_B + m_C)(1 + 2\cos\theta)R_1^2$ $\quad + \dfrac{m_C}{m}\left\{(3m_A + m_B)R_2 + 6m_A R_1 \sqrt{\dfrac{1}{3}(1 + 2\cos\theta)}\right\}R_2$
球対称コマ分子	$I = \dfrac{8}{3}m_A R^2$

ここで，$I_{\parallel}$ は主軸まわりの慣性モーメント，$I_{\perp}$ は主軸に垂直な軸まわりの慣性モーメントである。また，m は分子の全質量を表す。

$$E = \frac{\mathcal{J}_a^2}{2I_a} + \frac{\mathcal{J}_b^2}{2I_b} + \frac{\mathcal{J}_c^2}{2I_c} \tag{6.34}$$

となる。この古典力学的な式をもとに，各軸まわりの角運動量を量子化すれば，量子力学的エネルギーが得られる。

まず直線分子の回転項は，二原子分子とまったく同じで

$$F(J) = \frac{h}{8\pi^2 cI}J(J+1), \quad J = 0, 1, 2, \cdots \tag{6.35}$$

と書ける。ここで回転定数は

$$\tilde{B} = \frac{h}{8\pi^2 cI} \tag{6.36}$$

であり，I は式 (6.28) で与えられる慣性モーメントである。例えば CO_2 分子の場合，回転軸は C 原子上にあるから（質量中心が C 原子上にあるから），R を C-O 結合長として，$I = 2m_O R^2$ となる。

球対称コマ分子では $I_a = I_b = I_c$ だから式 (6.34) において

$$E = \frac{\mathcal{J}_a^2 + \mathcal{J}_b^2 + \mathcal{J}_c^2}{2I} = \frac{\mathcal{J}^2}{2I} \tag{6.37}$$

となる。ここで，角運動量の 2 乗を量子力学的固有値 $J(J+1)\hbar^2$ に置き換えることで，二原子分子とまったく同様な回転項が得られる。

偏長コマ分子の場合，$I_a < I_b = I_c$ であるから，回転エネルギーは

$$E = \frac{\mathcal{J}_a^2}{2I_a} + \frac{\mathcal{J}_b^2 + \mathcal{J}_c^2}{2I_b} = \frac{\mathcal{J}_a^2}{2I_a} + \frac{\mathcal{J}^2 - \mathcal{J}_a^2}{2I_b} \tag{6.38}$$

と書ける。この場合，主軸は a 軸である。全角運動量の主軸成分 $\mathcal{J}_a$ は量子化されており，その量子力学的固有値は $K_a\hbar$，$K_a = 0, \pm 1, \pm 2, \cdots \pm J$ であるから

$$E = \frac{K_a^2 \hbar^2}{2I_a} + \frac{J(J+1)\hbar^2 - K_a^2 \hbar^2}{2I_b} \tag{6.39}$$

となる。したがって，回転項は

$$F = \tilde{B}J(J+1) + (\tilde{A} - \tilde{B})K_a^2 \tag{6.40}$$

となる。ここで，回転定数は

$$\tilde{A} = \frac{h}{8\pi^2 cI_a} \tag{6.41a}$$

$$\tilde{B} = \frac{h}{8\pi^2 cI_b} \tag{6.41b}$$

と定義される。

偏平コマ分子の場合，$I_a = I_b < I_c$ であるから，回転エネルギーは

$$E = \frac{\mathcal{J}_a^2 + \mathcal{J}_b^2}{2I_b} + \frac{\mathcal{J}_c^2}{2I_c} = \frac{\mathcal{J}^2 - \mathcal{J}_c^2}{2I_b} + \frac{\mathcal{J}_c^2}{2I_c} \tag{6.42}$$

と書ける。この場合の主軸は c 軸である。$\mathcal{J}_c$ の量子力学的固有値は $K_c\hbar$，$K_c = 0, \pm 1, \pm 2, \cdots, \pm J$ であるから回転項は

$$F = \tilde{B}J(J+1) + (\tilde{C} - \tilde{B})K_c^2 \tag{6.43}$$

となる。また

$$\tilde{C} = \frac{h}{8\pi^2 c I_c} \tag{6.44}$$

はc軸まわりの慣性モーメントによって定義される回転定数である。**図6.7**には偏長対称コマおよび偏平対称コマ分子の回転エネルギー準位を示した。直線分子や球コマ分子と異なり，回転エネルギーは量子数JおよびKに依存する。

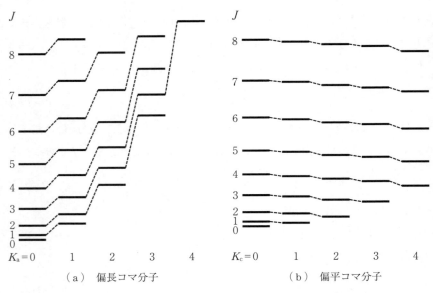

（a）偏長コマ分子　　　　　　　　（b）偏平コマ分子

図6.7　偏長対称コマおよび偏平対称コマ分子の回転エネルギー構造

対称コマ分子の純回転遷移の遷移選択律は

$$\Delta J = \pm 1, \Delta K = 0 \tag{6.45}$$

であり，遷移が起きるためには分子が永久双極子モーメントをもっている必要がある。実際の分子では遠心歪みの影響により，スペクトルにはJの変化に由来する構造だけでなく，Kに起因する微細な構造が観測される（詳細は参考図書5), 9) などを参照のこと）。

演 習 問 題

問題 6.1 $H^{35}Cl$ 分子のマイクロ波吸収スペクトルは，おおよそ 6.26×10^{11} Hz 間隔の吸収線から構成される。剛体回転子モデルを仮定し，核間距離 r を求めよ。

問題 6.2 $^{12}C^{16}O$ 分子の回転定数は $\tilde{B}_e = 1.9313$ cm^{-1} である。古典力学的剛体回転子モデルを仮定し，$J=1$ および 10 の回転状態について，1秒あたりの回転数と回転周期を計算せよ。

問題 6.3 剛体回転子モデルを仮定した場合，回転状態の分子密度が最大になる回転量子数が

$$J_{max} = \sqrt{\frac{k_B T}{2hc\tilde{B}}} - \frac{1}{2} \tag{6.46}$$

で与えられることを示し，$^{12}C^{16}O$ 分子について，300 K における J_{max} を求めよ。回転定数は $\tilde{B}_e = 1.9313$ cm^{-1} である。

問題 6.4 遠心歪みの効果（式 (6.26)）を考慮して，$J+1 \leftarrow J$ の遷移に対応する吸収波数を求めよ。

問題 6.5 $^{12}C^{16}O$ 分子のマイクロ波吸収スペクトルを測定したところ，$J'=7 \leftarrow J''=6$ 遷移が 26.9070 cm^{-1} に，$J'=8 \leftarrow J''=7$ 遷移が 30.7479 cm^{-1} に観測された。回転項が式 (6.26) で表されるとして，回転定数 $\tilde{B}_e$ および遠心歪み定数 $\tilde{D}_e$ を求めよ。

問題 6.6 図 6.8 に定義される座標系を用いて，H_2O 分子の三つの軸まわりの慣性モーメントが，以下の式 (6.47a) から式 (6.47c) で書けることを示せ。また，各慣性モーメントを O-H 結合長 R と角度 ϕ を用いて表せ。ただし，質量中心の座標を原点とし，x 軸は紙面手前方向に向いているものとする。

6. 回転分光学

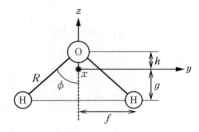

図 6.8 問題 6.6 における座標の定義

$$I_z = 2m_H f^2 \tag{6.47a}$$

$$I_y = m_O h^2 + 2m_H g^2 \tag{6.47b}$$

$$I_x = m_O h^2 + 2m_H (g^2 + f^2) = I_z + I_y \tag{6.47c}$$

7.

振 動 分 光 学

　多くの分子の振動エネルギーは赤外光領域にある。この章では，まず二原子
分子の調和振動子モデルから赤外吸収スペクトルの特徴を説明する。つぎに，
振動の非調和性や赤外吸収スペクトルの回転構造の解釈を行う。さらに，多原
子分子の振動を調和振動子近似のもと取り扱う。

7.1　振動エネルギー準位

　4.4節では分子振動のモデルとして，調和振動子の量子力学的エネルギーが

$$E_v = h\nu\left(v + \frac{1}{2}\right), \quad v = 0, 1, 2, \cdots \tag{7.1}$$

と書けることを説明した。ここで，v は分子の振動状態を表す振動量子数であ
る。ν は振動数で，分子が1秒間に何回振動するかを表しており

$$\nu = \frac{1}{2\pi}\sqrt{\frac{k_f}{\mu}} \tag{7.2}$$

である。ここで，k_f は力の定数，μ は換算質量である。したがって，力の定数
が大きいほど，つまり分子の結合が強いほど，1秒間に振動する回数は多くな
る。また，分子の質量が重いほど，1秒間に振動する回数は少なくなる。

　6.1節と同様に，エネルギーを波数単位で表そう。式 (7.1) を hc で割ると

$$G(v) = \tilde{\nu}\left(v + \frac{1}{2}\right), \quad v = 0, 1, 2, \cdots \tag{7.3}$$

となる。これを**振動項**という。ここで

$$\tilde{\nu} = \frac{1}{2\pi c}\sqrt{\frac{k_\mathrm{f}}{\mu}} \tag{7.4}$$

は**調和振動波数**（〔cm^{-1}〕単位）である。

調和振動子の隣接する振動準位間のエネルギー間隔は

$$\Delta G(v) = G(v+1) - G(v) = \tilde{\nu} \tag{7.5}$$

であり，等間隔なエネルギー構造をもっている。調和振動子のもつポテンシャルエネルギーは $x = r - r_\mathrm{e}$ として

$$V(x) = \frac{1}{2}k_\mathrm{f}x^2 \tag{7.6}$$

であり，力の定数 k_f の値によってそのポテンシャル曲線の曲率が異なる。大きな力の定数をもつ分子は，小さな変位の変化でも，大きなポテンシャルを感じるということである。**図7.1**には力の定数の違いによるポテンシャルエネルギー曲線の違いを示した。図（b）のポテンシャルの力の定数は図（a）の2倍である。換算質量 μ が同一であるとすれば，力の定数が大きいほど振動のエネルギー差が大きくなる。力の定数は「化学結合のかたさ」を表すパラメーターである。化学結合がかたい分子ほど振動のエネルギー差は大きくなる。つまり，振動を励起するためには，より多くのエネルギーを与える必要がある。

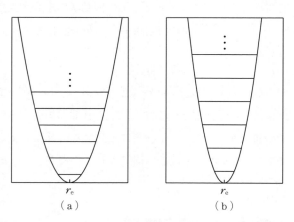

図7.1 ポテンシャルエネルギー曲線と力の定数の関係
（図（b）のポテンシャルの力の定数は図（a）の2倍である。）

7.2 振動遷移の遷移選択律

ここでは，赤外光の吸収に伴う振動状態の変化についての遷移選択律を考察しよう。遷移選択律の基礎となる概念は，5.3 節で説明した遷移双極子モーメントである。遷移双極子モーメントが 0 でない値の場合，その遷移は許容され，遷移双極子モーメントが 0 である遷移は禁制になる。さて，遷移双極子モーメントの積分を行なう前に，まずは分子のもつ双極子モーメントについて考えよう。5.3 節でも説明したように，極性が異なる二つの点電荷が距離 r だけ離れて存在している場合，その双極子モーメント μ は電荷 q と距離 r の積 $\mu = qr$ で与えられる。しかし実際の分子では，核間距離が長くなると化学結合が切れていく。r が無限大の極限ではもはや化学結合は形成されていないので，その場合，双極子モーメントは 0 になる。したがって，実際の分子の双極子モーメントは，**図 7.2** のように核間距離 r に対して複雑な依存性を示す。実際の分子のもつ双極子モーメントをありとあらゆる核間距離の範囲で表す閉じた式は存在しない。そこで，分子の双極子モーメント μ を平衡核間距離 r_e の近傍で，つまり，$x = 0$ のまわりでテイラー展開すると

$$\mu = \mu(0) + \left(\frac{\mathrm{d}\mu}{\mathrm{d}x}\right)_{x=0} x + \frac{1}{2!}\left(\frac{\mathrm{d}^2\mu}{\mathrm{d}x^2}\right)_{x=0} x^2 + \cdots \tag{7.7}$$

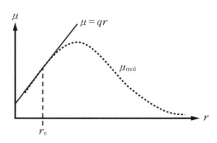

図 7.2 分子の永久双極子モーメントと線形近似

114   7. 振 動 分 光 学

となる。この式 (7.7) を用いて、遷移双極子モーメントを計算していくわけだ
が、x に関する展開の高次項が重要となってくるのは、核間距離が非常に長い
領域なので、平衡核間距離のまわりでは高次の項を無視してしまってもさほど
問題はない。ここでは、x に関する 2 次以上の項は小さいとして無視すれば、
遷移双極子モーメントは

$$
\mu_{\mathrm{trs}} = \int_{-\infty}^{+\infty} \psi_{v'}^* \mu \psi_{v''} \, \mathrm{d}x
$$

$$
= \mu(0) \int_{-\infty}^{+\infty} \psi_{v'}^* \psi_{v''} \, \mathrm{d}x + \left(\frac{\mathrm{d}\mu}{\mathrm{d}x} \right)_{x=0} \int_{-\infty}^{+\infty} \psi_{v'}^* x \psi_{v''} \, \mathrm{d}x
$$

(7.8)

となる。第 1 項の積分は、遷移前および遷移後の振動波動関数の重なり積分で
あり、振動波動関数の直交性より 0 となる。つぎに第 2 項について考えよう。
遷移双極子モーメントが 0 でない値をもつためには、第一に $(\mathrm{d}\mu/\mathrm{d}x)_{x=0} \neq 0$
が満たされなければならない。双極子モーメントが x とともに変化すること、
つまり、振動遷移の間に双極子モーメントの変化があることが要求される。す
べての異核二原子分子では永久双極子モーメントをもっているために、分子振
動（核間距離の変動）に伴って、双極子モーメントが変化するので、上記の要
求を満たす。したがって、異核二原子分子は赤外光と相互作用できるため、振
動遷移をスペクトルとして観測することができる。これを**赤外活性**という。一
方、すべての等核二原子分子は永久双極子モーメントをもたないため、赤外光
を吸収し振動遷移をすることができない。これを**赤外不活性**という。

　また、遷移双極子モーメントが 0 でない値をもつためには式 (7.8) の第 2 項
中の積分が 0 でない値をもつことが要求される。この積分は

$$
\Delta v = v' - v'' = \pm 1
$$

(7.9)

の場合にのみ 0 でない値をもつ。ここで、$\Delta v = +1$ の遷移は吸収に、$\Delta v = -1$
の遷移は発光に対応する。式 (7.9) を一般的に示すかわりに、調和振動子の波
動関数 ψ_0 と ψ_1 を用いて検証してみよう（一般的な導出は付録 E を参照）。調
和振動子の波動関数は振動量子数 v が偶数の場合は y 軸対称な偶関数で、v が
奇数の場合には原点対称な奇関数である（表 4.2 および図 4.5 参照）。したがっ

て，ψ_0 は偶関数で ψ_1 は奇関数である。$v'=1 \leftarrow v''=0$ の遷移の場合，式 (7.8) 第2項の非積分関数は（ψ_1：奇関数）×（x：奇関数）×（ψ_0：偶関数）となり，全体として偶関数となる。偶関数の y 軸対称な空間での積分は 0 でない値をもつので，したがって，式 (7.8) 第2項の積分は 0 でない値をもつ。演習問題 7.3 では ψ_0 と ψ_2 を用いて，$\Delta v = 2$ の遷移が禁制であることを確認する。以上の議論より，二原子分子が赤外光を吸収して振動遷移をするためには，異核二原子分子であることと，$\Delta v = \pm 1$ を満たす遷移であることが要求される。これが二原子分子の赤外光吸収による振動遷移の遷移選択律である。

　観測される吸収線の波数は，式 (7.5) からわかるように振動波数そのものであり，結合の強さや分子の質量に応じた固有の値をもつ。一般的に，軽い二原子分子は 2 000 cm^{-1} 程度の振動波数をもつ。室温の熱エネルギーが約 208.5 cm^{-1} であることから，室温においてはその大部分が振動基底状態を占めている（$N_1/N_0 \cong 6.8 \times 10^{-5}$）。したがって，通常の分子であれば，その振動遷移には主として $v'=1 \leftarrow v''=0$ の遷移のみが観測される。その一方で，重い分子であれば，振動準位間のエネルギー差が小さくなるので，その振動スペクトルには振動励起状態からの吸収が観測されることもある（詳しくは 7.4 節参照）。

7.3　同 位 体 効 果

　式 (7.4) および式 (7.5) からわかるように，分子振動の吸収波数は，その分子の力の定数と質量（換算質量）に依存する。ここで，換算質量は

$$\mu = \frac{m_1 m_2}{m_1 + m_2} \tag{7.10}$$

である。二原子分子を構成する原子を同位体置換した際の効果を，塩化水素分子を例に考えてみよう。図 7.3 には塩化水素分子の赤外吸収スペクトルを示してある。詳しくは 7.5 節で議論するが，回転状態の変化に伴う微細な構造が観測されている。

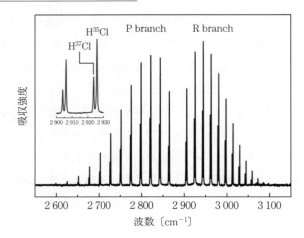

図7.3 HCl分子の赤外吸収スペクトル
(^{35}Cl に由来するピークと ^{37}Cl に由来するピークから構成されている。)

さて，塩化水素分子には H^{35}Cl，H^{37}Cl，D^{35}Cl，D^{37}Cl の4種類の安定同位体が存在する。H^{35}Cl と H^{37}Cl の換算質量の比は

$$\mu(\mathrm{H}^{35}\mathrm{Cl}) : \mu(\mathrm{H}^{37}\mathrm{Cl}) = 1 : 1.0015 \tag{7.11}$$

である。力の定数は結合電子の振る舞いにのみ依存する。つまり，分子内の原子核と電子の間に働くポテンシャルエネルギーで決定される。同位体間では中性子数が異なるだけであるから，原子核と電子の間のポテンシャルエネルギーは同一であると仮定しても問題ない。したがって，同位体間の振動波数は換算質量の違いのみに由来すると考えることができ，その比は

$$\tilde{\nu}(\mathrm{H}^{35}\mathrm{Cl}) : \tilde{\nu}(\mathrm{H}^{37}\mathrm{Cl}) = \frac{1}{\sqrt{\mu(\mathrm{H}^{35}\mathrm{Cl})}} : \frac{1}{\sqrt{\mu(\mathrm{H}^{37}\mathrm{Cl})}} \tag{7.12}$$
$$= 1 : 0.9992$$

となる。H^{35}Cl の吸収の中心波数は $\tilde{\nu}(\mathrm{H}^{35}\mathrm{Cl}) = 2\,885\ \mathrm{cm}^{-1}$ であるから，H^{37}Cl の吸収波数は $\tilde{\nu}(\mathrm{H}^{37}\mathrm{Cl}) = 2\,883\ \mathrm{cm}^{-1}$ となり，わずかに低波数側にシフトする。実際に，図7.3には H^{37}Cl に由来する吸収も観測されている。ちなみに，スペクトルの積分強度は，^{35}Cl と ^{37}Cl の天然の存在比の約3:1を反映している。

HCl 分子と DCl 分子を比較すると，換算質量が2倍程度異なるために，**図**

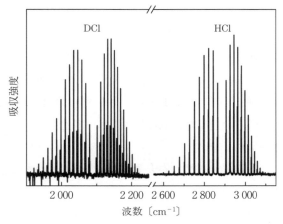

図 7.4　HCl 分子と DCl 分子の赤外吸収スペクトル

7.4 のように大きな吸収波数シフトが観測される。図の DCl のスペクトルは重塩化水素のサンプルを用いて測定しているため，HCl の吸収強度との比較はできない（図では強度のスケールを合わせている）。塩化水素分子では，構成する片方の原子（H）の質量が，もう片方の原子（Cl）の質量に比べ非常に小さい。このような場合，質量中心は重い原子のそばにあり，あたかも軽い原子のみが振動しているかのように振る舞う（演習問題 4.3）。したがって，重い原子のほうの質量がわずかに変わったとしても質量中心の位置はほとんど変わらないためにその振動運動に大きな影響はない。しかし，軽いほうの原子の質量が変わった場合，質量中心の位置が大きく変わるので，HCl 分子と DCl 分子に見られるように非常に大きな振動波数のシフトが起こる。演習問題 7.4 では $D^{35}Cl$ および $D^{37}Cl$ の吸収波数を計算するが，DCl の吸収にも二つの塩素の同位体によるピークのシフトが観測されている。

7.4　振動の非調和性

ここまでは，二原子分子の振動運動を調和振動子として近似してきた。つまり，二原子分子のポテンシャルエネルギー曲線が核間距離の変化に対して，式

(7.6)のような放物線であると仮定してきた。4.1節の議論からわかるように，この調和振動子モデルは比較的振動準位の低い領域ではよい近似を与える。しかし，実際の分子のポテンシャル曲線では，核間距離の長い領域においては解離限界に向けて収れんしていく。また，核間距離の短い領域では原子核間の強い反発によって分子全体のポテンシャルエネルギーは放物線よりも早く上昇する。調和振動子の量子準位は等間隔なエネルギー構造をもっていたが，実際の分子のポテンシャルは，調和ポテンシャルよりも広がった形状をしているために，調和ポテンシャルからのズレが大きくなれば大きくなるほど，**図7.5**のように振動準位間の間隔は狭くなっていく。このような調和振動子からのズレを非調和性という。非調和振動を取り入れた振動項は

$$G(v) = \tilde{\nu}_e\left(v + \frac{1}{2}\right) - \tilde{\nu}_e \tilde{x}_e\left(v + \frac{1}{2}\right)^2 \tag{7.13}$$

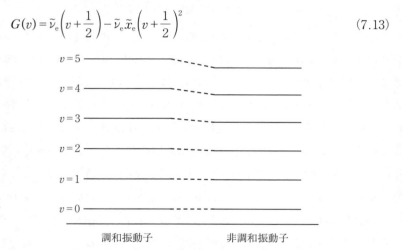

図7.5 調和振動子と非調和振動子のエネルギー準位

と表される。ここで，$\tilde{\nu}_e$は調和振動波数である。$\tilde{x}_e$は**非調和定数**と呼ばれる無次元の量で，通常正の値をもつ。$\tilde{\nu}_e \tilde{x}_e$を非調和定数（[cm^{-1}]単位）と呼ぶ場合もある。非調和性の効果により，振動準位間のエネルギー差は振動量子数の増加に伴い減少していく。通常，$\tilde{\nu}_e \gg \tilde{\nu}_e \tilde{x}_e$であるから式(7.13)の非調和項は小さい。しかし，振動量子数が大きくなっていくにつれ非調和性の効果が大きくなり，調和振動子モデルからのズレが大きくなる。

非調和性を考慮した吸収波数を求めよう。ここでは，$v'=1 \leftarrow v''=0$ の遷移を考えると

$$\tilde{\nu}_{\mathrm{obs}} = G(1) - G(0) = \frac{3}{2}\tilde{\nu}_{\mathrm{e}} - \frac{9}{4}\tilde{\nu}_{\mathrm{e}}\tilde{x}_{\mathrm{e}} - \left(\frac{1}{2}\tilde{\nu}_{\mathrm{e}} - \frac{1}{4}\tilde{\nu}_{\mathrm{e}}\tilde{x}_{\mathrm{e}}\right) = \tilde{\nu}_{\mathrm{e}} - 2\tilde{\nu}_{\mathrm{e}}\tilde{x}_{\mathrm{e}} \quad (7.14)$$

となる。通常 $\tilde{\nu}_{\mathrm{e}}\tilde{x}_{\mathrm{e}} > 0$ であるから，赤外吸収波数は調和振動子よりもわずかに低波数側にシフトする。

非調和性は振動エネルギーだけでなく，振動波動関数の形状にも影響する。図 7.6 は H_2 分子のいくつかの振動準位に対する調和振動波動関数（図（a））と実際の分子の振動波動関数（図（b））の比較である。低い振動準位では調和振動子の波動関数と実際の振動波動関数の形状はよく似ているが，振動量子数が大きくなれば形状の違いが明確に見られる。調和振動子の波動関数は軸対称または原点対称な関数であるが，実際の分子の振動波動関数はポテンシャルが非対称であるため，非対称な関数である。

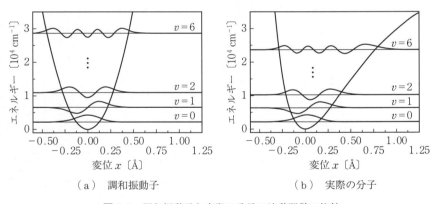

（a）調和振動子　　　　　　　（b）実際の分子

図 7.6 調和振動子と実際の分子の波動関数の比較
（水素分子の電子基底状態のポテンシャル）

7.2 節では分子が調和振動子であることを仮定し，さらに，双極子モーメントの高次項を無視することで振動遷移の遷移選択律 $\Delta v = \pm 1$ を説明した。実際の分子では，振動の非調和性と双極子モーメントの非線形性により，非常に弱い強度ではあるが $\Delta v = \pm 2, \pm 3, \cdots$ などの遷移も観測される。$\Delta v = +1$ の吸

収を**基音吸収**，$\Delta v = +2, +3, \cdots$ の吸収を**倍音吸収**（それぞれ第一倍音吸収，第二倍音吸収，…）という。

また，高温条件下での測定や，振動波数が小さな分子を対象とした場合，熱的に振動励起した状態からの吸収が観測されることがある。このような振動励起状態からの吸収を**ホットバンド**という。図7.7には観測されるいくつかのタイプの振動遷移を示した。演習問題7.5では倍音吸収の波数を計算する。また，演習問題7.6ではホットバンドの吸収波数を計算するが，非調和性を考慮に入れるとその吸収波数は基音吸収とわずかに異なることがわかるだろう。

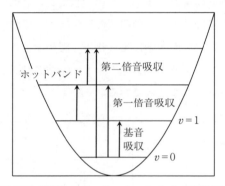

図7.7 観測されるいくつかのタイプの振動遷移

詳細は省略するが式 (7.13) で与えられる振動項は，モースポテンシャル

$$V(r) = D_e \left\{ 1 - e^{-\beta(r-r_e)} \right\}^2 \tag{7.15}$$

の固有値である。ここで，D_e はポテンシャル極小値から測った**解離エネルギー**，r_e は平衡核間距離である。演習問題4.1によれば，ポテンシャルの形状を表すパラメーター β は

$$\beta = \sqrt{\frac{k_f}{2D_e}} \tag{7.16}$$

で表される。演習問題7.7で導出するが，モースポテンシャルのもとでは，解離エネルギー D_e は調和振動波数および非調和定数と

$$D_e \cong \frac{\tilde{\nu}_e^2}{4\tilde{\nu}_e \tilde{x}_e} \tag{7.17}$$

の関係がある。ただし，上式の解離エネルギーは〔cm^{-1}〕単位で表してある。振動基底状態（$v=0$）から測った解離エネルギーを D_0 と書く。**図7.8** に示すように，D_e と D_0 の間には零点エネルギー分の差があるから

$$D_\mathrm{e} = D_0 + G(0) \tag{7.18}$$

となる。

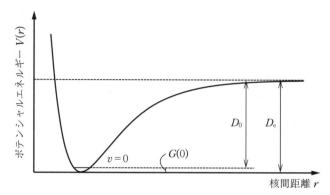

図7.8 モースポテンシャルの形状と解離エネルギー

さらに振動量子数が高い領域では，式 (7.13) の振動項では不十分であることが多い。この場合

$$G(v) = \tilde{\nu}_\mathrm{e}\left(v+\frac{1}{2}\right) - \tilde{\nu}_\mathrm{e}\tilde{x}_\mathrm{e}\left(v+\frac{1}{2}\right)^2 \\ + \tilde{\nu}_\mathrm{e}\tilde{y}_\mathrm{e}\left(v+\frac{1}{2}\right)^3 + \tilde{\nu}_\mathrm{e}\tilde{z}_\mathrm{e}\left(v+\frac{1}{2}\right)^4 + \cdots \tag{7.19}$$

のように，高次の補正項を追加し，実験で得られたスペクトルを再現するように分子定数を決定する。高次補正項の定数 $\tilde{\nu}_\mathrm{e}\tilde{y}_\mathrm{e}$, $\tilde{\nu}_\mathrm{e}\tilde{z}_\mathrm{e}\cdots$ は正の値である場合も負の値である場合もある。また，これらの係数は非調和定数よりも数桁小さい値をもち，低い振動状態ではほとんど効果を示さないが，振動量子数が非常に大きい場合に重要になってくる。

122   7. 振 動 分 光 学

7.5 振動 - 回転スペクトル

気相孤立分子は空間を自由に回転している。したがって，気相の高分解能赤外吸収スペクトルには，図7.3に見られるように回転状態の変化に伴う微細な構造が観測される。このようなスペクトルは**振動-回転スペクトル**と呼ばれる。このようなスペクトルを解釈するために，まずは調和振動子モデルと剛体回転子モデルに立ち返り，それらの運動を同時に取り扱おう。調和振動子-剛体回転子近似でのエネルギー（波数単位）は振動項 $G(v)$ と回転項 $F(J)$ の和

$$\tilde{E}_{v,J} = G(v) + F(J) = \tilde{\nu}_e\left(v + \frac{1}{2}\right) + \tilde{B}_e J(J+1)$$

$$v = 0, 1, 2, \cdots \qquad\qquad\qquad (7.20)$$

$$J = 0, 1, 2, \cdots$$

で書くことができる。

赤外光の吸収による振動-回転遷移の遷移選択律はこれまで議論してきたものと同様で

$$\Delta v = +1$$

$$\Delta J = \pm 1 \qquad\qquad\qquad (7.21)$$

である。ただし，一酸化窒素ラジカルのように分子軸まわりに電子軌道角運動量をもつ場合，$\Delta J = 0$ の遷移が許容される。振動-回転スペクトルの回転線群には ΔJ の値によって名前がついている。$\Delta J = +1$ の回転線は **R branch**，$\Delta J = -1$ の回転線は **P branch** と呼ばれる。多くの場合には禁制遷移であるが，$\Delta J = 0$ の回転線を **Q branch** と呼ぶ。**図7.9**には，振動-回転遷移のエネルギーダイアグラムを示した。図中の $''$ はエネルギーの低い状態（始状態），$'$ はエネルギーの高い状態（終状態）を表す。この表記を利用すれば，$\Delta v = v' - v''$ および，$\Delta J = J' - J''$ である。

さて，式 (7.20) を用いて観測される遷移の波数を導出しよう。R branch の吸収波数は

7.5 振動 - 回転スペクトル

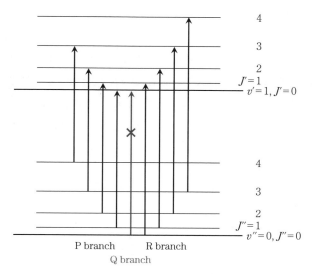

図 7.9 振動-回転遷移のエネルギーダイアグラム

$$\begin{aligned}
\tilde{\nu}_\mathrm{R} &= \tilde{E}_{v+1, J+1} - \tilde{E}_{v, J} \\
&= \tilde{\nu}_\mathrm{e}\left(v+\frac{3}{2}\right) + \tilde{B}_\mathrm{e}(J+1)(J+2) - \left\{\tilde{\nu}_\mathrm{e}\left(v+\frac{1}{2}\right) + \tilde{B}_\mathrm{e}J(J+1)\right\} \\
&= \tilde{\nu}_\mathrm{e} + 2\tilde{B}_\mathrm{e}(J+1)
\end{aligned} \quad (7.22)$$

であり，吸収線は中心波数 $\tilde{\nu}_\mathrm{e}$ から J が増えるごとに高波数側に出現する．また，P branch の吸収波数は

$$\begin{aligned}
\tilde{\nu}_\mathrm{P} &= \tilde{\nu}_\mathrm{e}\left(v+\frac{3}{2}\right) + \tilde{B}_\mathrm{e}J(J-1) - \left\{\tilde{\nu}_\mathrm{e}\left(v+\frac{1}{2}\right) + \tilde{B}_\mathrm{e}J(J+1)\right\} \\
&= \tilde{\nu}_\mathrm{e} - 2\tilde{B}_\mathrm{e}J
\end{aligned} \quad (7.23)$$

であり，吸収線は中心波数 $\tilde{\nu}_\mathrm{e}$ から J が増えるごとに低波数側に出現する．したがって図 7.3 において，高波数側に観測されている回転線群が R branch，低波数側に観測されている回転線群が P branch である．また，各回転線の間隔が $2\tilde{B}_\mathrm{e}$ になるため，振動-回転スペクトルを観測することで，力の定数だけでなく，核間距離を決定することができる．なお，各回転線の強度は回転状態へのボルツマン分布則を反映した形になっている．

ここまでは，調和振動子-剛体回転子モデルで振動-回転スペクトルを扱ってきたが，ここからはモデルの補正を行おう。実際の分子のポテンシャルは式 (7.6) のような放物線ではなく，核間距離の変化に対して非対称な形状をしており，振動の振幅は振動状態が高くなるにつれて増加する（**図 7.10**）。したがって，平均的な核間距離は v とともにわずかに増加していき，実効的な回転定数は平衡位置での回転定数 $\tilde{B}_e$ からわずかに減少していく。この回転定数の振動依存性を

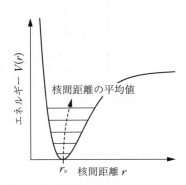

図 7.10 平均核間距離の振動準位依存性

$$\tilde{B}_v = \tilde{B}_e - \tilde{\alpha}_e \left(v + \frac{1}{2}\right) \tag{7.24}$$

と表現する。ここで，$\tilde{\alpha}_e$ は**振動-回転相互作用定数**と呼ばれ，その単位は $[\mathrm{cm}^{-1}]$ である。振動-回転相互作用を考えれば，$v=0$ における回転定数 $\tilde{B}_0$ と $v=1$ における回転定数 $\tilde{B}_1$ は異なる値になるから，基音吸収（$v'=1 \leftarrow v''=0$）の R branch と P branch の吸収波数は

$$\begin{aligned}\tilde{\nu}_R &= \frac{3}{2}\tilde{\nu}_e + \tilde{B}_1(J+1)(J+2) - \left\{\frac{1}{2}\tilde{\nu}_e + \tilde{B}_0 J(J+1)\right\} \\ &= \tilde{\nu}_e + 2\tilde{B}_1 + (3\tilde{B}_1 - \tilde{B}_0)J + (\tilde{B}_1 - \tilde{B}_0)J^2\end{aligned} \tag{7.25}$$

$$\tilde{\nu}_P = \tilde{\nu}_e - (\tilde{B}_1 + \tilde{B}_0)J + (\tilde{B}_1 - \tilde{B}_0)J^2 \tag{7.26}$$

となる。$\tilde{B}_1 < \tilde{B}_0$ であるから R branch, P branch どちらの吸収波数の式にお

いても J^2 の係数は負の値になる。したがって，始状態の J が増加するにつれて R branch の線間隔は減少し，P branch の線間隔は増加する。図 7.3 に示した HCl 分子の振動-回転スペクトルではこの効果が確認できる。両端側にある回転線の間隔は R branch と P branch で異なる。

これまで，調和振動子モデルや剛体回転子モデルを出発点としてさまざまな補正を加えてきたが，非調和項，遠心歪み，振動-回転相互作用を考慮した振動-回転項は

$$
\begin{aligned}
\widetilde{E}_{v,J} = {} & \widetilde{\nu}_{\mathrm{e}}\left(v+\frac{1}{2}\right) - \widetilde{\nu}_{\mathrm{e}}\widetilde{x}_{\mathrm{e}}\left(v+\frac{1}{2}\right)^2 \\
& + \widetilde{B}_{\mathrm{e}}J(J+1) - \widetilde{D}_{\mathrm{e}}J^2(J+1)^2 - \widetilde{\alpha}_{\mathrm{e}}\left(v+\frac{1}{2}\right)J(J+1)
\end{aligned}
\tag{7.27}
$$

と記述される。付録の表 G.1 には基本的な二原子分子の，式 (7.27) に適用できる電子基底状態の分子定数をまとめてある。さらに高次の項を含めた，より一般的な項値は

$$
\widetilde{E}_{v,J} = \sum_{j,k} Y_{jk}\left(v+\frac{1}{2}\right)^j \{J(J+1)\}^k
\tag{7.28}
$$

を用いて表される。この式は**ダンハム（Dunham）の展開式**と呼ばれ，Y_{jk} は**ダンハム係数**である。**表 7.1** にはダンハム係数と分子定数の関係をまとめた。

表 7.1 ダンハム係数と分子定数

Y_{00}	$\widetilde{T}_{\mathrm{e}}^{(*)}$
Y_{10}	$\widetilde{\nu}_{\mathrm{e}}$
Y_{20}	$-\widetilde{\nu}_{\mathrm{e}}\widetilde{x}_{\mathrm{e}}$
Y_{01}	$\widetilde{B}_{\mathrm{e}}$
Y_{02}	$-\widetilde{D}_{\mathrm{e}}$
Y_{11}	$-\widetilde{\alpha}_{\mathrm{e}}$

（＊）：$\widetilde{T}_{\mathrm{e}}$ は電子項つまり，ポテンシャルエネルギー曲線の平衡位置におけるエネルギーで，電子基底状態では 0 とする。

7.6 多原子分子の振動

多原子分子の振動運動を扱う前に，1.3節で学習した分子運動の自由度について復習しよう。この自由度とは，ある運動を物理的に記述するために必要な変数の数のことであった。N個の原子から構成されているN原子分子の運動を記述するためには，各原子に対してx, y, zの三つ，合計で$3N$個の自由度が必要になる。並進運動は分子が構造や空間的な向きを変えずに空間を移動する運動であるから，分子の質量中心の座標（X, Y, Z）のみで指定することができる。したがって並進運動の自由度は3である。回転運動を記述するためは，考えている分子が直線構造であるか，非直線構造であるかによって異なる数の自由度が必要である。非直線分子は三つの回転運動をもち，それぞれの軸のまわりの角度を指定する必要があるため，自由度は3である。その一方で，直線分子の場合は，結合軸まわりの回転では各原子の相対的な位置の変化がないために，その軸まわりの回転は定義できず，結果として，直線分子の回転の自由度は2である。全自由度から並進および回転運動の自由度を引いた残りの自由度が，振動運動の自由度に割り当てられる。したがって，N個の原子からなるN原子分子は直線分子では$3N-5$個，非直線分子では$3N-6$個の振動の自由度をもつ。

多原子分子のポテンシャルエネルギーは$3N-5$（または$3N-6$）個の振動座標の関数であり，その座標は結合長や結合角などに対応している。これら振動座標の平衡位置からの変化をq_1, q_2, $\cdots$, q_{3N-5}（あるいはq_{3N-6}）とおくと，多原子分子のポテンシャルエネルギーは

$$
\begin{aligned}
V(q_1, & q_2, \cdots, q_{3N-5}) \\
&= V(0, 0, \cdots, 0) + \sum_{i=1}^{3N-5}\left(\frac{\partial V}{\partial q_i}\right)_0 q_i + \frac{1}{2}\sum_{i=1}^{3N-5}\sum_{j=1}^{3N-5}\left(\frac{\partial^2 V}{\partial q_i \partial q_j}\right)_0 q_i q_j + \cdots \\
&= \frac{1}{2}\sum_{i=1}^{3N-5}\sum_{j=1}^{3N-5} f_{ij} q_i q_j + \cdots
\end{aligned} \tag{7.29}
$$

と書ける。ここで、4.1 節で扱ったように、ポテンシャルの極小値をエネルギーの原点にとり $V(0, 0, \cdots, 0) = 0$ とした。また、平衡位置におけるポテンシャルの勾配は 0 であるから、$(\partial V/\partial q_i)_0 = 0$ である。また、f_{ij} は力の定数である。式 (7.29) には $i \neq j$ の交差項（非対角項）が存在する。二原子分子の場合、内部座標は核間距離ただ一つであるために交差項を考える必要がないが、多原子分子の場合では振動の自由度が複数あるために、ある核間距離の変化とある結合角の変化の積などの交差項を考えなければならない。詳しい演算は省略するが、適切な線形代数的な変数変換を行うことで、ポテンシャルエネルギー中に交差項が現れないような新しい座標系 $\{Q_j\}$ を作ることができる。この座標系 $\{Q_j\}$ を**基準座標**、基準座標に沿った振動運動を**基準振動**と呼ぶ。基準座標を用いれば、式 (7.29) は

$$V = \frac{1}{2} \sum_{j=1}^{3N-5} F_j Q_j^2 \tag{7.30}$$

と二原子分子の場合と同様なシンプルな形で表される。ここで、F_j は j という基準振動の力の定数である。また、振動の非調和性による項（Q_j に関する高次項）は無視した。

式 (7.30) で表されるポテンシャルエネルギーのもとでのハミルトニアンは

$$\hat{H}_{\mathrm{vib}} = -\sum_{j=1}^{3N-5} \frac{\hbar^2}{2\mu_j} \frac{\mathrm{d}^2}{\mathrm{d}Q_j^2} + \frac{1}{2} \sum_{j=1}^{3N-5} F_j Q_j^2 = \sum_{j=1}^{3N-5} \left(-\frac{\hbar^2}{2\mu_j} \frac{\mathrm{d}^2}{\mathrm{d}Q_j^2} + \frac{1}{2} F_j Q_j^2 \right) \tag{7.31}$$

であり、シュレディンガー方程式の解である振動波動関数と振動エネルギーは

$$\Psi_{\mathrm{vib}} = \psi_{v_1}(Q_1) \psi_{v_2}(Q_2) \cdots \psi_{v_{3N-5}}(Q_{3N-5}) = \prod_{j}^{3N-5} \psi_{v_j}(Q_j) \tag{7.32a}$$

$$E_{\mathrm{vib}} = \sum_{j=1}^{p} h\nu_j \left(v_j + \frac{g_j}{2} \right), \quad v_j = 0, 1, 2, \cdots \tag{7.32b}$$

となる。ここで、p は異なる振動数をもつ基準振動の数、g_j は縮退度である。二原子分子は一つの振動しかもたないため、$g = 1$ であるが、多原子分子では縮退した基準振動をもつ場合がある。式 (7.32b) を波数単位で表現すれば

$$G = \sum_{j=1}^{p} \tilde{\nu}_j \left(v_j + \frac{g_j}{2} \right), \quad v_j = 0, 1, 2, \cdots \tag{7.33}$$

となる。ここで，$\tilde{\nu}_j$はj番目の振動の波数である。

さて，この基準座標は分子の核間距離や結合角等の内部座標とどのような関係があるのだろうか。例として二酸化炭素分子CO_2の振動運動を考えてみよう。CO_2分子は直線分子であるから，$3N-5=4$個の振動運動をもつ。図7.11に示した三つの内部座標r_1，r_2，ϕが振動によって変化する。片方のC–O結合距離の変化，つまりr_1，r_2の変化Δr_1，Δr_2を図示すると，図7.12のようになる。しかし，図に示した座標変化は基準振動として扱うことはできない。なぜならば，r_1，r_2が独立に変化する際，質量中心の座標が保存されないからである。内部座標の変化の際に質量中心の座標が変化してしまうということは，並進運動と振動運動が分離できていないということである。

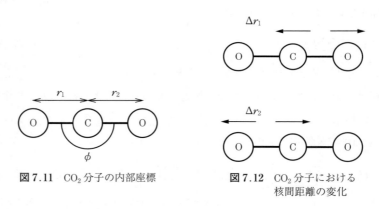

図7.11　CO_2分子の内部座標　　　図7.12　CO_2分子における核間距離の変化

ここで，つぎのような線形結合をとってみよう。

$$Q_1 = \frac{1}{\sqrt{2}}(\Delta r_1 + \Delta r_2) \tag{7.34a}$$

$$Q_3 = \frac{1}{\sqrt{2}}(\Delta r_1 - \Delta r_2) \tag{7.34b}$$

これら二つの運動においては質量中心の座標は保存されているから，基準振動として扱うことができる。式(7.34a)で表される振動は**対称伸縮振動**（ν_1振動）と呼ばれる基準振動である。CO_2分子の対称伸縮振動の振動波数は1 383 cm^{-1}である。式(7.34b)で表される振動は**逆対称（反対称）伸縮振動**（ν_3振動）と呼

ばれ，その振動波数は 2 285 cm^{-1} である．二つの C-O 結合は対称伸縮振動では同時に（位相が揃って），逆対称伸縮振動ではたがい違いに伸び縮みする．直線三原子分子の振動運動の自由度 4 のうちの二つは，これら対称伸縮振動と逆対称伸縮振動である．

結合角の変化

$$Q_2 = \Delta\phi \tag{7.35}$$

はそのまま基準振動として扱うことができ，**変角振動**（ν_2 振動）と呼ばれる．CO_2 分子の変角振動の振動波数は 667 cm^{-1} である．直線分子の変角振動は図 **7.13** のように紙面内および紙面に垂直な面での二つの振動運動が縮退している（振動自由度 4 のうち残りの 2 に相当）．一般に，変角振動は伸縮振動よりも低波数な振動である．伸び縮みをする運動よりも角度が変化する振動のほうが，エネルギーが低いことは直感的にも理解できるであろう．図 **7.14** には CO_2 分子の基準振動を示した．ただし，図中の矢印の大きさは正確な変位量を表すものではない．

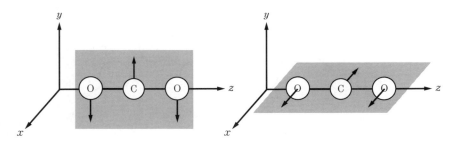

図 7.13 CO_2 分子の変角振動（紙面内の振動と紙面垂直な面での振動は縮退している．）

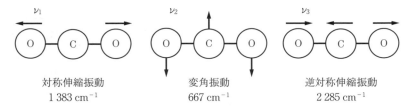

図 7.14 CO_2 分子の基準振動

CO_2 分子の振動項は,式 (7.33) において,$g_1=g_3=1$ および,$g_2=2$ であるから

$$G(v_1, v_2, v_3) = \tilde{\nu}_1\left(v_1+\frac{1}{2}\right) + \tilde{\nu}_2(v_2+1) + \tilde{\nu}_3\left(v_3+\frac{1}{2}\right) \tag{7.36}$$

$v_1=0, 1, 2, \cdots \qquad v_2=0, 1, 2, \cdots \qquad v_3=0, 1, 2, \cdots$

となる。ここで,v_1, v_2, v_3 は各基準振動の振動量子数で,それぞれ独立な値をもつ。

つぎに非直線分子の例として水分子 H_2O をとり上げよう。H_2O 分子は非直線三原子分子であるから $3N-6=3$ 個の独立な振動をもつ。図 7.15 には O–H の距離の変化,つまり r_1 および r_2 の変化 Δr_1, Δr_2 を示している。これらの運動は独立ではないため,先ほどと同様に質量中心の座標を保存するように線形結合をとることで基準振動が得られる。図 7.16 には H_2O 分子の基準振動を示した(こちらも変位量は正確ではない)。H_2O 分子は対称伸縮振動(ν_1 振動),変角振動(ν_2 振動)および逆対称伸縮振動(ν_3 振動)の基準振動をもつ。各基準振動の振動波数は $\tilde{\nu}_1=3\,657\ \mathrm{cm}^{-1}$, $\tilde{\nu}_2=1\,595\ \mathrm{cm}^{-1}$, $\tilde{\nu}_3=3\,756\ \mathrm{cm}^{-1}$ である。

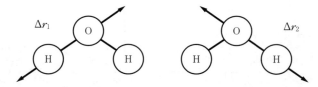

図 7.15　H_2O 分子の座標変化

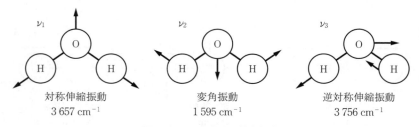

図 7.16　H_2O 分子の基準振動

H_2O 分子の振動項は

$$G(v_1, v_2, v_3) = \tilde{\nu}_1\left(v_1 + \frac{1}{2}\right) + \tilde{\nu}_2\left(v_2 + \frac{1}{2}\right) + \tilde{\nu}_3\left(v_3 + \frac{1}{2}\right) \tag{7.37}$$

$v_1 = 0, 1, 2, \cdots \qquad v_2 = 0, 1, 2, \cdots \qquad v_3 = 0, 1, 2, \cdots$

である。先ほどの CO_2 分子の場合とは縮退振動がない点において異なることに注意せよ。

7.7 多原子分子の赤外吸収

7.2 節では赤外光と分子が相互作用するためには，遷移の間に分子の双極子モーメントの変化が起こる必要があることを説明した。これは多原子分子でも同様であり，運動の間に分子の双極子モーメントを変化させるような基準振動が赤外活性である。

具体例として，H_2O 分子の対称伸縮振動を考えよう。H_2O 分子では，電気陰性度の違いから酸素原子の周辺がマイナスの電荷，水素原子の周辺がプラスの電荷を帯びており，分子全体として分極している。したがって，H_2O 分子は**図 7.17** に示すように，O-H 結合の方向に部分的な双極子モーメントをもつ。分子全体の双極子モーメントは，二つの部分的な双極子モーメントのベクトルの和で書ける。図中の白抜き矢印は変位の矢印ではなく，双極子モーメントのベクトルであることに注意せよ。H_2O 分子が対称伸縮振動をした場合，分子全体の双極子モーメントは変化する。したがって，H_2O 分子の対称伸縮振動は赤外活性な振動である。同様に，H_2O 分子の変角振動，逆対称伸縮振動でも振動の

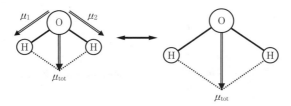

図 7.17 H_2O 分子の対称伸縮振動による双極子モーメントの変化

間に分子全体の双極子モーメントが変化する（演習問題 7.11）。したがって，H_2O 分子はすべての振動が赤外活性である。

一方，CO_2 分子は分子内に部分的な電荷の偏りをもっているが，分子全体としては双極子モーメントをもたない。CO_2 分子の対称伸縮振動は二つの C-O 結合が同時に伸び縮みするために，いくら振動が激しくなったとしても，分子全体の双極子モーメントは 0 のままである。したがって，この振動は赤外光によって励起されることはなく，赤外不活性である。その他の振動（ν_2 と ν_3）は赤外活性であるが，変角振動は縮退振動であるから，結局 CO_2 分子は二つの吸収帯をもつ。

図 7.18 には，空気の赤外吸収スペクトルを示した。空気中に含まれる CO_2 分子と H_2O 分子の赤外吸収が観測されている。H_2O 分子に関しては，3 種類のの振動運動すべてに由来する吸収が観測されている。CO_2 分子については，変角振動と逆対称伸縮振動に由来する吸収は観測されているが，対称伸縮振動に関する吸収は観測されない。

振動遷移の遷移選択律は，二原子分子と変わらず，調和振動子近似のもとでは $\Delta v = \pm 1$ である。したがって，観測される遷移は振動状態を (v_1, v_2, v_3) と表記すれば，$(1, 0, 0) \leftarrow (0, 0, 0)$ や $(0, 1, 0) \leftarrow (0, 0, 0)$ などである。例えば，H_2O

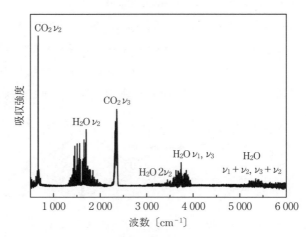

図 7.18　空気の赤外吸収スペクトル

の $(1, 0, 0) \leftarrow (0, 0, 0)$ 遷移の吸収波数は

$$\begin{aligned}\tilde{\nu}_{\mathrm{obs}} &= G(1, 0\,0) - G(0, 0\,0) \\ &= \frac{3}{2}\tilde{\nu}_1 + \frac{1}{2}\tilde{\nu}_2 + \frac{1}{2}\tilde{\nu}_3 - \left(\frac{1}{2}\tilde{\nu}_1 + \frac{1}{2}\tilde{\nu}_2 + \frac{1}{2}\tilde{\nu}_3\right) = \tilde{\nu}_1\end{aligned} \quad (7.38)$$

であり，吸収波数は振動波数そのものに対応している．

多原子分子のスペクトルには複数の振動運動が同時に励起される**コンビネーションバンド（結合音）**が観測されることもある．さらに，振動の非調和性による倍音吸収なども観測される．実際に，図7.18では倍音吸収やコンビネーションバンドも観測されている．倍音吸収の強度は基音吸収と比べて非常に弱いことに注目せよ．また，**図7.19**には多原子分子におけるいくつかのタイプの遷移を示した．さらに，気相の高分解能スペクトルには微細な回転構造（図7.18中の微細な線）も観測されるため，多原子分子のスペクトルは非常に複雑である．

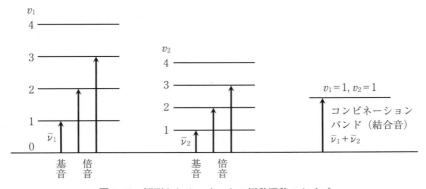

図7.19 観測されるいくつかの振動遷移のタイプ

赤外吸収の波数は分子質量と力の定数で決まる分子固有の特性である．それゆえ，赤外吸収分光法は有機分子の官能基の特定つまり物質の同定や構造分析などに応用されている．付録の表H.1には代表的な官能基の赤外吸収波数をまとめてある．

134　　7. 振 動 分 光 学

演 習 問 題

問題 7.1　波数 $3\,000$ cm^{-1} で振動している分子の振動数および振動周期を求めよ。

問題 7.2　H^{35}Cl 分子と ^{12}C^{16}O 分子の赤外吸収波数は $2\,885$ cm^{-1} および $2\,143$ cm^{-1} である。調和振動子を仮定して力の定数を計算し，結合エネルギーの大小を予測せよ。

問題 7.3　調和振動子の $v=0$ および $v=2$ の波動関数を用いて，$v'=2 \leftarrow v''=0$ の遷移が禁制遷移であることを示せ。

問題 7.4　H^{35}Cl 分子の赤外吸収波数は $2\,885$ cm^{-1} である。D^{35}Cl および D^{37}Cl の赤外吸収波数を計算せよ。

問題 7.5　式 (7.13) を用いて，第一倍音吸収（$v'=2 \leftarrow v''=0$）に対応した吸収波数を求めよ。

問題 7.6　式 (7.13) を用いて，$v'=2 \leftarrow v''=1$ のホットバンドに対応する吸収波数を求めよ。

問題 7.7　二原子分子の振動項が式 (7.13) で与えられるとき

(1) 隣接する振動準位の間隔 $\Delta G = G(v+1) - G(v)$ を表す式を求めよ。

(2) 解離限界において $\Delta G \rightarrow 0$ となることから，最大の振動量子数 $v_{\max}$ が $v_{\max} = \tilde{\nu}_\mathrm{e} / (2\tilde{\nu}_\mathrm{e}\tilde{x}_\mathrm{e}) - 1$ で与えられることを示せ。

(3) $\tilde{\nu}_\mathrm{e} \gg \tilde{\nu}_\mathrm{e}\tilde{x}_\mathrm{e}$ が成り立つとき，結合エネルギー D_e が $D_\mathrm{e} \approx \tilde{\nu}_\mathrm{e}^2 / (4\tilde{\nu}_\mathrm{e}\tilde{x}_\mathrm{e})$ で与えられることを示せ。

問題 7.8　実際のスペクトルから分子定数を決定する方法はいくつかある。ここでは**フォルトラ（Fortrat）包絡線**を利用して振動-回転スペクトルから分子定数を決定しよう。

(1) 振動-回転項を回転定数の振動準位依存性を含めて，$\tilde{E}_{v,\,J} = G(v) + \tilde{B}_v J(J+1)$ と表現したとき，基音吸収の P および R branch の吸収波数が

$$\tilde{\nu}_\mathrm{P}(J) = \tilde{\nu}_\mathrm{o} - (\tilde{B}_1 + \tilde{B}_0)J + (\tilde{B}_1 - \tilde{B}_0)J^2 \tag{7.39a}$$

$$\tilde{\nu}_{R}(J) = \tilde{\nu}_{o} + (\tilde{B}_1 + \tilde{B}_0)(J+1) + (\tilde{B}_1 - \tilde{B}_0)(J+1)^2 \tag{7.39b}$$

で表されることを示せ。ただし，$\tilde{\nu}_{o} = G(1) - G(0)$ である。

(2) R branch について $m = J+1$，P branch について $m = -J$ とおくことで，上記 2 式は m に関する 2 次関数 $\tilde{\nu}(m) = \tilde{\nu}_{o} - (\tilde{B}_1 + \tilde{B}_0)m + (\tilde{B}_1 - \tilde{B}_0)m^2$ となる。これをフォルトラ（Fortrat）包絡線という。**表 7.2** の $H^{35}Cl$ 分子の基音吸収における回転遷移の波数を用いて，$\tilde{B}_0$ および $\tilde{B}_1$ を決定せよ。

表 7.2 $H^{35}Cl$ の基音吸収（振動-回転遷移）の遷移波数

J	$\tilde{\nu}_{R}(J)$ 〔cm^{-1}〕	$\tilde{\nu}_{P}(J)$ 〔cm^{-1}〕
0	2 906.301 2	–
1	2 925.937 3	2 865.160 6
2	2 944.933 4	2 843.681 4
3	2 963.276 9	2 821.613 5
4	2 980.954 9	2 798.969 5
5	2 997.954 7	2 775.762 2
6	3 014.263 6	2 752.004 4
7	3 029.868 7	2 727.708 8
8	3 044.757 3	2 702.888 3
9	3 058.916 7	2 677.555 5
10	3 072.334 0	2 651.723 3
11		2 625.404 4

問題 7.9 ここでは**コンビネーション・ディファレンス法**と呼ばれる解析方法を用いて振動-回転スペクトルから分子定数を決定しよう。

(1) **図 7.20** に示すように，振動回転遷移には下準位（始状態）または上準位（終状態）が共通の遷移が存在する。式（7.39a, b）を利用して，下準位が共通の遷移波数の差 Δ_1 および，上準位が共通の遷移波数の差 Δ_2 が

$$\Delta_1 = \tilde{\nu}_{R}(J) - \tilde{\nu}_{P}(J) = 4\tilde{B}_1\left(J + \frac{1}{2}\right) \tag{7.40a}$$

$$\Delta_2 = \tilde{\nu}_{R}(J-1) - \tilde{\nu}_{P}(J+1) = 4\tilde{B}_0\left(J + \frac{1}{2}\right) \tag{7.40b}$$

で表されることを示せ。

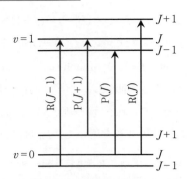

図 7.20 上準位または下準位が共通な振動-回転遷移
（カッコ内は始状態の回転量子数を表す）

(2) 上式と表 7.2 にある H^{35}Cl 分子の基音吸収波数を利用して，$\tilde{B}_0$ および $\tilde{B}_1$ を決定せよ。

問題 7.10 式 (7.27) を用いて，基音吸収 ($v'=1 \leftarrow v''=0$) について，R branch および P branch の吸収波数を求めよ。

問題 7.11 H$_2$O 分子の変角振動 ν_2 および逆対称伸縮振動 ν_3 による双極子モーメントの変化を図 7.17 にならって描け。

問題 7.12 つぎの分子振動が赤外活性であるかを判定せよ。

H$_2$（伸縮），C$_2$H$_4$（ν_1；全対称 C–H 伸縮），直線分子 N$_2$O（ν_2；変角），二等辺三角形分子 SO$_2$（ν_1；対称伸縮），SO$_2$（ν_3；逆対称伸縮）

問題 7.13 H$_2$O 分子の $(1,1,0) \leftarrow (0,0,0)$ 遷移と $(1,2,0) \leftarrow (0,0,0)$ 遷移の吸収波数を求めよ。

8. ラマン分光学

　この章ではラマン分光と呼ばれる分光法について説明する．分子内に存在する電子の分布と光電場の相互作用からラマン散乱が生じる．この分子によって散乱される光の振動数から分子のエネルギー状態を調べる手法がラマン分光法である．

8.1 ラマン散乱

　試料に光（この光の振動数は非共鳴でもよい）を照射すると，入射した光子のうちの$1/10^7$程度が試料中の分子と相互作用し，エネルギーのやりとりを経て散乱される．このとき，入射振動数ν_Iと等しい振動数の光（**レイリー (Rayleigh) 散乱**）と$\nu_\mathrm{I} \pm \nu_\mathrm{mol}$の振動数の光（**ラマン (Raman) 散乱**）が散乱される（図8.1）．ラマン散乱のうち，$\nu_\mathrm{I} - \nu_\mathrm{mol}$の振動数をもつ散乱光を**ストークス (Stokes) 散乱**，$\nu_\mathrm{I} + \nu_\mathrm{mol}$の振動数をもつ散乱光を**反ストークス散乱**という．

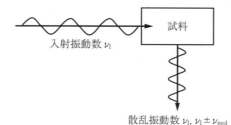

図8.1　ラマン散乱の概念（入射振動数ν_Iと等しい振動数の光（レイリー散乱）と$\nu_\mathrm{I} \pm \nu_\mathrm{mol}$の振動数の光（ラマン散乱）が散乱される）

8. ラマン分光学

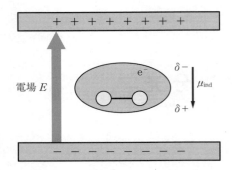

図 8.2 電場に置かれた分子の分極（分極により誘起双極子モーメントが生じる）

図 8.2 に示すように分子が光の電場 E に曝されると，分子内に電荷の偏りが誘起される。この際に生じる**誘起双極子モーメント**は

$$\mu_{\text{ind}} = \alpha E \tag{8.1}$$

で表される。ここで，α は分子の**分極率**で，電場による分極のしやすさを表す。振動数 ν_l で振動する光の電場は

$$E(t) = E_0 \cos(2\pi\nu_l t) \tag{8.2}$$

と書ける。分子が運動することで，分極率も時間とともに変化する。ここでは振動運動をとり上げよう（**図 8.3**）。

図 8.3 分子振動による電子分布の変化

振動数 ν_{vib} で振動している分子の分極率は

$$\alpha(t) = \alpha_0 + \alpha_1 \cos(2\pi\nu_{\text{vib}} t) \tag{8.3}$$

と書ける。したがって，式 (8.1) の誘起双極子モーメントは

$$\begin{aligned}
\mu_{\text{ind}} &= \{\alpha_0 + \alpha_1 \cos(2\pi\nu_{\text{vib}} t)\} E_0 \cos(2\pi\nu_l t) \\
&= \alpha_0 E_0 \cos(2\pi\nu_l t) + \frac{1}{2}\alpha_1 E_0 \cos\{2\pi(\nu_l + \nu_{\text{vib}})t\} \\
&\quad + \frac{1}{2}\alpha_1 E_0 \cos\{2\pi(\nu_l - \nu_{\text{vib}})t\}
\end{aligned} \tag{8.4}$$

となる。光電場によって誘起される双極子モーメントは，入射光と同じ振動数

ν_I をもつレイリー散乱を生じる成分と，振動数 $\nu_\mathrm{I} \pm \nu_\mathrm{vib}$ で振動する，ラマン散乱を生じる成分をもつ．

詳細は割愛するが，量子力学的に見ればこの散乱過程は光と分子が結合した仮想的な励起状態（ラマン散乱準位と呼ばれる）を経由した二光子過程である．**図 8.4** のように，ストークス散乱は基底状態分子が振動励起状態とのエネルギー差の分だけ光子のエネルギーを奪う過程である．反ストークス散乱は振動励起分子が基底状態とのエネルギー差の分だけ光子にエネルギーを与える過程である．振動ラマン遷移を考える際，室温では熱的に振動励起した分子は非常に少ないために，反ストークス線の強度はストークス線の強度と比較して圧倒的に弱い．

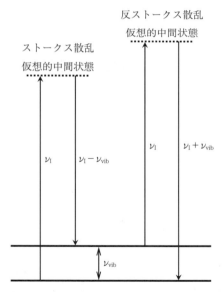

図 8.4 ラマン散乱のエネルギーダイアグラム

図 8.5 にはラマンスペクトルの模式図を示した．気相孤立分子を対象とすれば，レイリー散乱の周辺には回転ラマン効果に起因する微細なスペクトルが観測される．また，振動ラマンスペクトルにも振動状態の変化に伴う回転線が観測される．この振動–回転ラマンスペクトルに関しては，8.4 節で詳しく議論

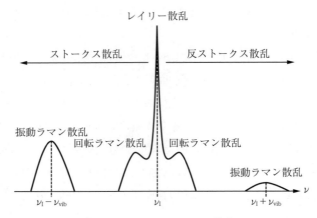

図 8.5 ラマンスペクトルの模式図

する。

8.2 振動ラマン遷移の遷移選択律

分子の分極率 α を $x=0$ のまわりでテイラー展開すると

$$\alpha = \alpha(0) + \left(\frac{d\alpha}{dx}\right)_{x=0} x + \frac{1}{2!}\left(\frac{d^2\alpha}{dx^2}\right)_{x=0} x^2 + \cdots \tag{8.5}$$

となる。x に関する 2 次以上の項は小さいとして無視すれば，遷移双極子モーメントは

$$\begin{aligned}\mu_{\mathrm{trs}} &= \int_{-\infty}^{+\infty} \psi_{v'}^* \mu_{\mathrm{ind}} \psi_{v''} \, dx \\ &= E\left\{\alpha(0)\int_{-\infty}^{+\infty} \psi_{v'}^* \psi_{v''} \, dx + \left(\frac{d\alpha}{dx}\right)_{x=0}\int_{-\infty}^{+\infty} \psi_{v'}^* x \psi_{v''} \, dx\right\}\end{aligned} \tag{8.6}$$

となる。v' と v'' が異なる場合，振動波動関数の直交性から第一項の積分は 0 となる。したがって，遷移双極子モーメントが 0 でない値をもつためには，$(d\alpha/dx)_{x=0} \neq 0$ つまり，振動遷移の間に分極率の変化があることが要求される。分極率は分子がもつ電子の空間分布によって決まるので，したがってすべての二原子分子は（等核，異核に関わらず）振動**ラマン活性**である。

8.3 回転ラマン散乱 **141**

加えて，$\mu_{\mathrm{trs}} \neq 0$ となるためには式（8.6）の第二項中の積分が 0 でない値をもつことが要求される。この積分は，赤外吸収の遷移選択律（7.2 節）での議論と同様に考えることができる。調和振動子の波動関数を仮定すれば

$$\Delta v = v' - v'' = \pm 1 \tag{8.7}$$

の遷移のみが許容される。ここで，$\Delta v = +1$ はストークス散乱，$\Delta v = -1$ は反ストークス散乱に対応する。

また，$\Delta v = 0$ の場合，つまり $v' = v''$ の場合は，式（8.6）の第二項の積分は 0 になるが，第一項の積分が 1 となり，遷移双極子モーメントは 0 でない値をもつ。これはレイリー散乱に対応している。すべての原子・分子で $\alpha(0) \neq 0$ であるから，レイリー散乱はすべての原子・分子で起こり得る。

8.3　回転ラマン散乱

球対称でない分子は異方的な分極率をもつ。例えば二原子分子は分子軸に垂直な方向に電場が印加された場合と，分子軸に平行な方向に電場が印加された場合では電子分布の歪みが異なる（**図 8.6**）。分子が回転することで生じる分極率の変化を

$$\alpha = \alpha_0 + \Delta\alpha \cos(2\omega_{\mathrm{rot}} t) = \alpha_0 + \Delta\alpha \cos(4\pi\nu_{\mathrm{rot}} t) \tag{8.8}$$

と表そう。ここで，ω_{rot} は分子回転の角速度，ν_{rot} は単位時間あたりの回転数である。また，$\Delta\alpha$ は分極率の分子軸に平行な成分 $\alpha_{\parallel}$ と垂直な成分 $\alpha_{\perp}$ の差

$$\Delta\alpha = \alpha_{\parallel} - \alpha_{\perp} \tag{8.9}$$

である。分子が回転する際に，分極率は $\alpha_0 + \Delta\alpha$ から $\alpha_0 - \Delta\alpha$ までの範囲の値をとる。また式（8.8）中の $2\omega_{\mathrm{rot}}$ は分子が 1 回転する際，2 度同じ分極率の値が現れることを表す（図 8.6）。したがって，分子回転による誘起双極子の時間変化は

142   8. ラマン分光学

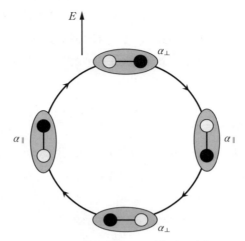

図 8.6　分子回転による分極率の変化

$$\begin{aligned}\mu_{\text{ind}} &= \{\alpha_0 + \Delta\alpha \cos(4\pi\nu_{\text{rot}}t)\}E_0 \cos(2\pi\nu_{\text{I}}t) \\ &= \alpha_0 E_0 \cos(2\pi\nu_{\text{I}}t) + \frac{1}{2}E_0\Delta\alpha \cos\{2\pi(\nu_{\text{I}}+\nu_{\text{rot}})t\} \\ &\quad + \frac{1}{2}E_0\Delta\alpha \cos\{2\pi(\nu_{\text{I}}-\nu_{\text{rot}})t\}\end{aligned} \quad (8.10)$$

となり，レイリー散乱およびラマン散乱を生じる。

　回転ラマン遷移が起きるためには $\Delta\alpha \neq 0$，つまり分極率に異方性がなければならない。加えて，導出は割愛するが

$$\Delta J = 0, \pm 2 \quad (8.11)$$

を満足する必要がある。これはラマン遷移が二光子過程であることに起因している。

8.4　振動-回転ラマン遷移

　気相の高分解能赤外吸収スペクトルと同様に，気相孤立系の振動ラマンスペクトルには，振動遷移に付随した回転状態の変化に伴う微細な構造が観測される。ここでは簡単のために，調和振動子-剛体回転子近似のもとで，**振動-回転**

ラマンスペクトルを説明しよう。調和振動子-剛体回転子近似でのエネルギーは波数単位で

$$\tilde{E}_{v,J} = G(v) + F(J) = \tilde{\nu}_e\left(v+\frac{1}{2}\right) + \tilde{B}_e J(J+1)$$
$$v = 0, 1, 2, \cdots$$
$$J = 0, 1, 2, \cdots$$
(8.12)

と書ける。

通常、反ストークス散乱の強度は非常に弱いため、ここではストークス散乱のみを考えよう。前節で議論したように、振動-回転ラマン遷移の遷移選択律はストークス散乱に対しては

$$\Delta v = +1$$
$$\Delta J = 0, \pm 2$$
(8.13)

である。赤外吸収の振動-回転スペクトル場合と同様に、回転線群には ΔJ の値によって名前がついている。$\Delta J = +2$ の回転線は **S branch**、$\Delta J = 0$ の回転線は **Q branch**、$\Delta J = -2$ の回転線は **O branch** と呼ばれる。図 8.7 には、振

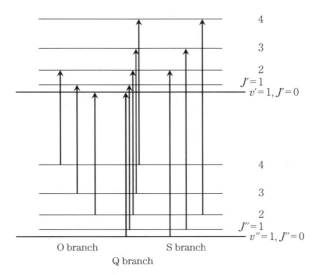

図 8.7 振動-回転ラマン遷移のエネルギーダイアグラム

動-回転ラマン遷移のダイアグラムを示した。

調和振動子-剛体回転子近似のもとでは S, Q, O branch の波数はそれぞれ

$$\tilde{\nu}_S = \tilde{\nu}_1 - \{\tilde{\nu}_e + \tilde{B}_e(4J+6)\} \tag{8.14a}$$

$$\tilde{\nu}_Q = \tilde{\nu}_1 - \tilde{\nu}_e \tag{8.14b}$$

$$\tilde{\nu}_O = \tilde{\nu}_1 - \{\tilde{\nu}_e - \tilde{B}_e(4J-2)\} \tag{8.14c}$$

となる。実際は、$\Delta\tilde{\nu} = |\tilde{\nu}_1 - \tilde{\nu}_{\text{branch}}|$(**ラマンシフト**）を横軸としてスペクトルを描く。**図 8.8** には一酸化炭素分子 CO の振動-回転ラマンスペクトルを示した。

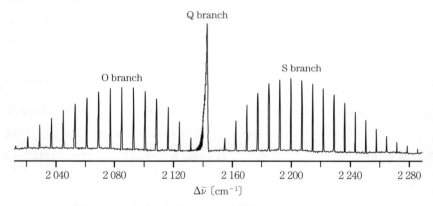

図 8.8 CO 分子の $(v'=1 \leftarrow v''=0)$ 振動-回転ラマンスペクトル〔文献 3）を元に著者作成〕

8.5 多原子分子のラマン分光

多原子分子の振動ラマン遷移においても、これまでの議論を適用できる。すなわち

$$\left(\frac{\partial \alpha}{\partial Q_i}\right)_{Q_i=0} \neq 0 \tag{8.15}$$

を満たす基準振動が振動ラマン活性である。ここでは二酸化炭素分子 CO_2 と水分子 H_2O を例にとり上げ、ラマン活性な振動運動の判定をしよう。

図 8.9 には CO_2 分子の基準振動による電子分布と分極率の変化を示した。核

8.5 多原子分子のラマン分光

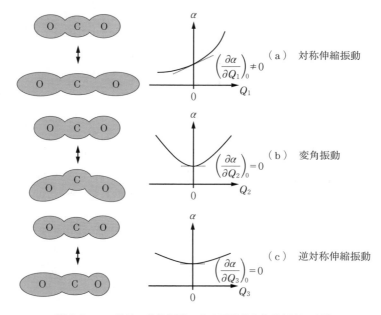

図 8.9 CO_2 分子の基準振動による電子分布と分極率の変化

間距離が長くなれば分極率も大きくなるので,対称伸縮振動（ν_1 振動）はラマン活性な振動である.一方,変角振動（ν_2 振動）では振動によって分極率は変化するが,平衡位置において $(\partial \alpha / \partial Q_2)_{Q_2=0} = 0$ となるため,**ラマン不活性**である.同様に,逆対称伸縮振動（ν_3 振動）でも平衡位置において $(\partial \alpha / \partial Q_3)_{Q_3=0} = 0$ となるため,ラマン不活性である.分子が対称中心をもつ場合,赤外・ラマン両方に活性な基準振動をもつことはない.これを**相互禁制律**という.

図 8.10 は H_2O 分子の基準振動による電子分布と分極率の変化を示している.図（c）の逆対称伸縮振動による分極率の変化のグラフは図中の矢印の方向から見た場合を表している.H_2O 分子では平衡構造が屈曲しているため,すべての基準振動において平衡位置で式 (8.15) を満足する.したがって,すべての振動がラマン活性である.

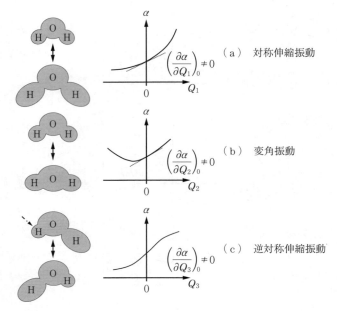

図 8.10 H_2O 分子の基準振動による電子分布と分極率の変化

演 習 問 題

問題 8.1 つぎの分子振動が振動ラマン活性であるかを判定せよ。

H_2（伸縮），C_2H_4（ν_1；全対称 C-H 伸縮），直線分子 N_2O（ν_2；変角），二等辺三角形分子 SO_2（ν_1；対称伸縮），SO_2（ν_3；逆対称伸縮）

9.

電 子 遷 移

　ある電子配置で規定される電子状態間の遷移を電子遷移という。電子遷移，
つまり電子配置の組み替えに必要なエネルギーは紫外・可視光領域の光のエネ
ルギーに相当する。電子数の少ない小さな分子の電子遷移は紫外領域に，電子
数の多い大きな分子，つまり重い分子の電子遷移は可視光領域に存在する。こ
の章では，まず電子遷移に相当する吸収スペクトルの振動，回転構造の説明を
する。その後，発光や無放射過程などの励起分子の動的過程に関して説明する。

9.1　π電子系の電子遷移

　ここではまず，π共役系分子の光吸収を簡単なモデルから解釈し，電子遷移
の特徴を学ぶことにしよう。鎖状π共役系分子中の一つのπ電子に着目すれ
ば，それはπ結合を通じて共役鎖全体に非局在化して分布している。簡単に
考えれば，共役鎖中ではπ電子は一様なポテンシャルを受けて運動している
と近似できる。このような系を**図9.1**に示すような一次元の箱の中の粒子モデ
ルで取り扱おう。電子は

$$V(x) = \begin{cases} 0 & (0 < x < a) \\ \infty & (x \leq 0,\ x \geq a) \end{cases} \tag{9.1}$$

のようなポテンシャル場を運動する。$x=0$ および $x=a$ においてポテンシャル
エネルギーは急激に∞まで上昇する。したがって，電子はポテンシャルの壁に
よって $x=0$ から $x=a$ の間の領域に閉じ込められる。このモデルをπ電子に
適用する場合，$x=0$ および $x=a$ を共役鎖の両端と考えればよい。2章で説明

9. 電子遷移

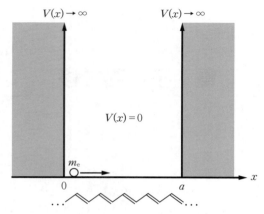

図 9.1 π共役系分子に対する箱の中の粒子モデル
（π電子は一様のポテンシャル中を運動していると考える）

したとおり，この系の量子力学的エネルギーは

$$E_n = \frac{n^2 h^2}{8m_e a^2}, \quad n = 1, 2, 3, \cdots \tag{9.2}$$

である。ここで，m_e は電子の質量である。まずは最も簡単なπ結合をもつ分子であるエチレンを考えよう。電子はパウリの原理に従って，一つのエネルギー準位にスピンの向きを反対にして二つまで収容される。したがって，電子基底状態にあるエチレンの二つのπ電子は最も安定なエネルギー E_1 をもつ軌道に収容される。さて，エチレンに光を照射して電子励起する場合を考えよう。量子数 n'' の電子軌道から量子数 n' の電子軌道に電子が励起する際に必要なエネルギーは，それらの準位のエネルギー差

$$\Delta E = E_{n'} - E_{n''} = \frac{h^2}{8m_e a^2}(n'^2 - n''^2) \tag{9.3}$$

である。このエネルギー差と光子のエネルギーが等しければ吸収が起こるから，吸収波長は

$$\lambda = \frac{hc}{\Delta E} = \frac{8mca^2}{h(n'^2 - n''^2)} \tag{9.4}$$

となる。エチレンの最高被占軌道（HOMO）から最低空軌道（LUMO）への遷

移は $n'=2 \leftarrow n''=1$ の遷移に対応し，その極大吸収波長は 162 nm であることが知られている。**表 9.1** にはいくつかの π 共役系分子の LUMO ← HOMO 遷移の極大吸収波長を示した。共役鎖の長さが長くなるほど，吸収波長が長波長側にシフトしている。これは式 (9.4) からも理解することができる。

表 9.1 共役系分子の極大吸収波長

分　子	π 電子数	極大吸収波長 λ〔nm〕
エチレン	2	162
1, 3-ブタジエン	4	217
1, 3, 5-ヘキサトリエン	6	266
1, 3, 5, 7-オクタテトラエン	8	304
1, 3, 5, 7, 9-デカペンタエン	10	334
β-カロテン	22	450

　つぎに，β-カロテンの電子遷移を考えよう。β-カロテンは緑黄色野菜に豊富に含まれ，可視光領域に強い吸収をもつ橙色の色素である。β-カロテンは**図 9.2** に示すような構造をしている分子で，22 個の π 電子をもつ。**図 9.3** には β-カロテンのヘキサン溶液の可視光領域の電子遷移に相当する吸収スペクトルと対応するエネルギー準位図を示した。このスペクトルは β-カロテンの π 電子の HOMO（$n=11$）から LUMO（$n=12$）への遷移（**π−π* 遷移**）に帰属される。β-カロテンの溶液は太陽光や蛍光灯などの白色光のうち，紫色から青色の領域を吸収する。そのため，その補色である黄色から橙色としてわれわれの目に見えるのである。

　式 (9.4) を用いれば，吸収波長から共役鎖の長さを概算することができる。詳しい計算は演習問題 9.1 に譲るが，極大吸収波長が 450 nm であることから，

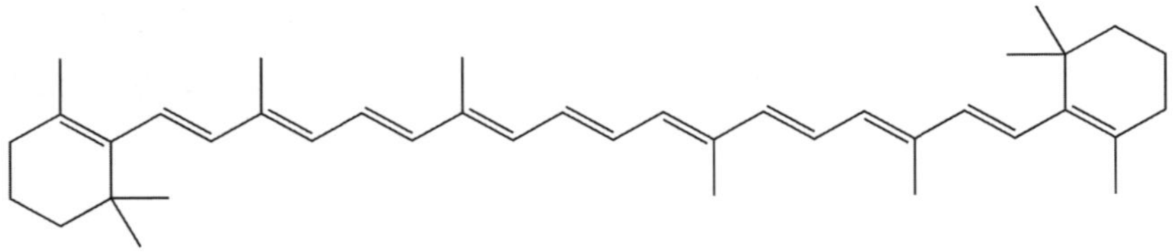

図 9.2 β-カロテンの構造

150　9. 電子遷移

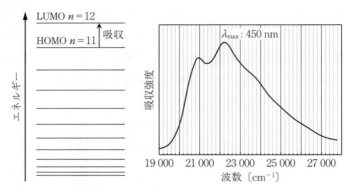

図 9.3 β-カロテンのエネルギー準位と紫外・可視吸収スペクトル

β-カロテンの共役鎖の長さは 17.7 Å と見積もられる。これは，一般的な化学結合の結合長が約 1 Å であることを考えれば妥当な見積もりである。

9.2　電子遷移の振動構造

図 9.3 に示した β-カロテンの吸収スペクトルはいくつかのブロードなピークから構成されており，そのピーク間隔はおおよそ 1 300 cm^{-1} 程度である。これは振動エネルギーと同程度のピーク間隔である。付録の表 H.1 によれば C-C 単結合の振動波数は 700 – 1 250 cm^{-1}，C＝C 二重結合の振動波数は 1 620 – 1 680 cm^{-1} 程度である。β-カロテンのような共役系では，共役鎖中の炭素原子間の結合は単結合と二重結合の中間の性質をもつため，これらの中間の 1 310 cm^{-1} 程度の振動波数をもつことが予想される。したがって，図 9.3 に観測されている複数のピークは，電子励起分子の振動に起因するピークであると帰属できる。このように，電子遷移にはそれに伴う振動状態や回転状態の変化が観測される。ここではまず，回転構造を無視して電子遷移における振動構造を考えよう。

原子核の質量は，電子の質量に比べはるかに重い。陽子二つと電子一つで構成されている，最も簡単な分子である水素分子イオン H_2^+ の場合ですら，原子

9.2 電子遷移の振動構造

核（分子骨格）と電子の質量比は 3 673.2：1 である．したがって，電子の運動は分子骨格の運動に比べはるかに速いと考えられる（ざっくりと分類すれば，回転運動はピコ秒〔10^{-12} s〕，振動運動はフェムト秒〔10^{-15} s〕，電子の運動はアト秒〔10^{-18} s〕のオーダー）．つまり，電子遷移は図 9.4 に示すように，核の座標を保持したまま起こるのである．これを**フランク–コンドン（Franck-Condon）の原理**という．

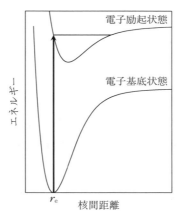

図 9.4 フランク–コンドンの原理
（電子遷移は分子骨格の座標を保持したまま起きる）

フランク–コンドンの原理を量子力学的に考察しよう．遷移双極子モーメントは

$$\mu_{\text{trs}} = \int \Psi'^{*} \mu \Psi'' d\tau \tag{9.5}$$

で与えられる．ここで，Ψ'' および Ψ' はそれぞれ電子基底状態（始状態）と電子励起状態（終状態）の波動関数である．波動関数 Ψ は電子に関する部分 ψ_{E} と振動に関する部分 ψ_v の積

$$\Psi = \psi_{\text{E}} \psi_v \tag{9.6}$$

で書ける．また，双極子モーメント μ を電子に関する項 μ_{E} と核に関する項 μ_{N} の和

152   9. 電 子 遷 移

$$\mu = \mu_E + \mu_N \tag{9.7}$$

で表現すれば，遷移双極子モーメントは

$$\mu_{trs} = \int \psi_{E'}^* \mu_E \psi_{E''} d\tau_E \int \psi_{v'}^* \psi_{v''} dr + \int \psi_{E'}^* \psi_{E''} d\tau_E \int \psi_{v'}^* \mu_N \psi_{v''} dr$$
$$= \int \psi_{E'}^* \mu_E \psi_{E''} d\tau_E \int \psi_{v'}^* \psi_{v''} dr \tag{9.8}$$

となる。ここで，τ_E は電子に関する座標，r は核間距離である。また，電子波動関数の直交性より

$$\int \psi_{E'}^* \psi_{E''} d\tau_E = 0 \tag{9.9}$$

である。式 (9.8) 中の積分

$$R = \int \psi_{E'}^* \mu_E \psi_{E''} d\tau_E \tag{9.10}$$

は**電子遷移双極子モーメント**であり，始状態と終状態によって決まる電子遷移固有の量である。電子遷移は電子が別の電子軌道に収容される遷移であり，電荷の再分配が必然的に起こる。つまり，電子遷移双極子モーメントは許容遷移であれば必ず 0 でない値をもつ。したがって，振動遷移や回転遷移とは異なり，永久双極子モーメントをもたない等核二原子分子でも電子遷移を観測することができる。

さて，遷移確率 P は遷移双極子モーメントの 2 乗に比例するから

$$P \propto |R|^2 \left| \int \psi_{v'}^* \psi_{v''} dr \right|^2 \tag{9.11}$$

となる。式 (9.11) における，振動波動関数の重なり積分の 2 乗を**フランク–コンドン因子**といい，$q_{v', v''}$ で表す。すなわち

$$q_{v', v''} = \left| \int \psi_{v'}^* \psi_{v''} dr \right|^2 \tag{9.12}$$

である。一般に，電子基底状態および電子励起状態の平衡核間距離や振動波数は異なるために，式 (9.12) 中の積分は規格化直交条件を満たさない。したがって，フランク–コンドン因子は 0 から 1 の間の値をとる。

調和振動子の波動関数を用いて $v'=0 \leftarrow v''=0$ 電子遷移のフランク–コンドン因子を計算してみよう。ここでは簡単のために，電子基底状態および電子励起

状態が同じ力の定数をもつと仮定し，電子基底状態および電子励起状態の振動波動関数を

$$\psi_{v''=0} = \left(\frac{\alpha}{\pi}\right)^{1/4} e^{-\alpha x^2/2} \tag{9.13a}$$

$$\psi_{v'=0} = \left(\frac{\alpha}{\pi}\right)^{1/4} e^{-\alpha(x-\Delta r)^2/2} \tag{9.13b}$$

とする．電子基底状態の振動波動関数は $x=0$ を中心とした波動関数，電子励起状態の振動波動関数は $x=\Delta r$ を中心とした波動関数である．また，$\alpha = (k_f \mu / \hbar^2)^{1/2}$ および $\Delta r = r_e' - r_e''$ である．振動波動関数の重なり積分における被積分関数は

$$e^{-\alpha x^2/2} e^{-\alpha(x-\Delta r)^2/2} = e^{-\alpha(\Delta r)^2/4} e^{-\alpha(x-\Delta r/2)^2} \tag{9.14}$$

だから

$$\int_{-\infty}^{+\infty} \psi_{v'} \psi_{v''} dx = \sqrt{\frac{\alpha}{\pi}} e^{-\alpha(\Delta r)^2/4} \int_{-\infty}^{+\infty} e^{-\alpha(x-\Delta r/2)^2} dx = e^{-\alpha(\Delta r)^2/4} \tag{9.15}$$

となる．ここで，積分公式

$$\int_0^{+\infty} e^{-ax^2} dx = \sqrt{\frac{\pi}{4a}} \tag{9.16}$$

を用いた．したがって，フランク-コンドン因子は

$$q_{0,0} = \left| \int_{-\infty}^{+\infty} \psi_{v'=0} \psi_{v''=0} dx \right|^2 = e^{-\alpha(\Delta r)^2/2} \tag{9.17}$$

となり，$\Delta r = 0$ のとき $q_{0,0} = 1$，$\Delta r \to \infty$ で $q_{0,0} \to 0$ となる．

フランク-コンドン因子を図 9.5 に示すようなイラストを用いて理解しよう．

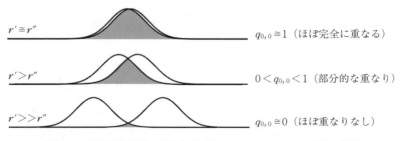

図 9.5 振動波動関数の重なり積分とフランク-コンドン因子の関係

154   9. 電 子 遷 移

先ほどと同様に，電子基底状態および電子励起状態の力の定数が同じと仮定し，二つの電子状態の平衡核間距離がほとんど同じ場合（上段），やや異なる場合（中段），大きく異なる場合（下段）の振動波動関数（$v=0$）の重なりを示してある。二つの電子状態の平衡核間距離がほとんど同じ場合，それらの状態の振動波動関数の形がまったく同じであれば，振動波動関数は規格化されているから，重なり積分はほぼ1になる（フランク–コンドン因子は1に近い値になる）。平衡核間距離がやや異なっていれば，振動波動関数の重なりは減少し，したがってフランク–コンドン因子は1よりも小さくなる。さらに二つの電子状態の平衡核間距離が大きく異なれば，振動波動関数の重なりは非常に小さくなり，フランク–コンドン因子はほとんど0になる。

式 (9.12) で表される，フランク–コンドン因子は電子遷移に伴う振動構造の相対強度を表す指標であり，二つの電子状態の振動波動関数の重なりが大きい，したがって，大きなフランク–コンドン因子をもつ振動準位間の遷移がより大きな遷移強度をもつ。**図 9.6** にはシアノラジカル分子 CN の電子基底状態（X 状態という）から B 状態への遷移および，X 状態から A 状態への遷移におけるポテンシャルエネルギー曲線とフランク–コンドン因子を示してある。ここで，A および B は電子励起状態の名称である。CN 分子の $B \leftarrow X$ 遷移では二つの電子状態の平衡核間距離が近いために，$v'=0 \leftarrow v''=0$ 遷移のみが大きなフランク–コンドン因子をもっている。したがって，その吸収スペクトルには $v'=0 \leftarrow v''=0$ 遷移のみが大きな強度で観測される。一方，$A \leftarrow X$ 遷移では，$v'=0 \leftarrow v''=0$ だけでなく，$v'=1 \leftarrow v''=0$ や $v'=2 \leftarrow v''=0$ 遷移も比較的大きなフランク–コンドン因子をもっているために，その吸収スペクトルにはいくつかの振動準位への遷移が観測される。

ここで注意しなければならないのは，フランク–コンドン因子はある電子遷移に伴う振動状態の変化の相対的な確率を表しているということである。例えば，CN 分子の基底状態から A 状態への $v'=0 \leftarrow v''=0$ 遷移の強度と，基底状態から B 状態への $v'=0 \leftarrow v''=0$ 遷移の強度は，それぞれの遷移のフランク–コンドン因子では比較できない。このような電子状態間遷移の強度は，式 (9.11) に含ま

9.2 電子遷移の振動構造

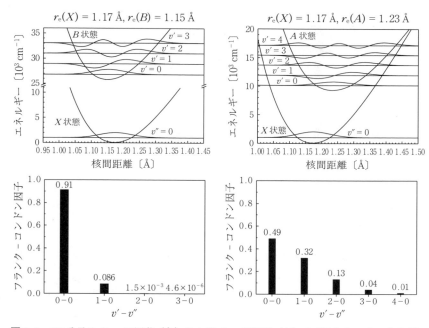

図 9.6 CN 分子の $B \leftarrow X$ 遷移(左)および $A \leftarrow X$ 遷移(右)のポテンシャルエネルギー曲線とフランク-コンドン因子[5]

れる電子遷移双極子モーメントの2乗で決まる。あくまでもフランク-コンドン因子は,ある電子状態間の遷移において,それに伴う振動構造の相対強度を表していることに注意されたい(**図 9.7**)。「CN 分子の $A-X$ ($v'=0 \leftarrow v''=0$) 遷移のフランク-コンドン因子が 0.91 で $B-X$ ($v'=0 \leftarrow v''=0$) 遷移のフランク-コンドン因子が 0.49 だから $A-X$ ($v'=0 \leftarrow v''=0$) 遷移のほうが大きな強度で観測される」といった比較は絶対にしてはならない。電子遷移双極子モーメントが異なる状態間遷移のフランク-コンドン因子を比較することはまったく意味のない考察である。実際に CN 分子の $B-X$ 遷移の電子遷移双極子モーメントは,$A-X$ 遷移と比べて 2.5 倍程度(2乗にすれば 6.25 倍!)大きいことがわかっている。

つぎに,平衡核間距離が大きく異なる電子状態間の遷移の例として,**図 9.8** にはヨウ素分子 I_2 の $B \leftarrow X$ 遷移の吸収スペクトルと,フランク-コンドン因

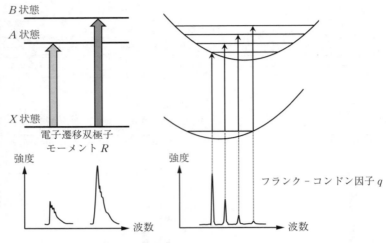

図 9.7 電子遷移双極子モーメントとフランク-コンドン因子

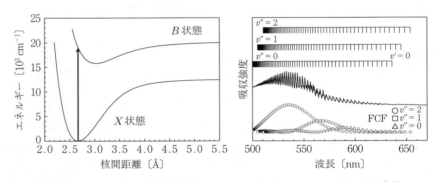

図 9.8 I_2 分子の $B \leftarrow X$ 遷移の吸収スペクトルとポテンシャルエネルギー曲線

子およびポテンシャルエネルギー曲線を示した。基底状態および B 状態の平衡核間距離はそれぞれ 2.666 Å および 3.025 Å である。平衡核間距離が大きく異なる電子状態間の遷移ではフランク-コンドン的に多くの振動状態まで遷移が可能であるため,そのスペクトルには解離限界に至るまでの広い波長領域で吸収線が見られる。このように,平衡核間距離が大きく異なる状態間の遷移の場合,電子基底状態の $v''=0$ から励起状態の振動量子数が低い状態への遷移確率は非常に小さく,そのような吸収線はほとんど観測されない。また,I_2 分子

は重い分子であるため，小さな振動波数をもつ（基底状態で 214.5 cm^{-1}）。それゆえ，多くの分子が室温で振動励起状態に熱分布している。300 K において，$v'' = 0, 1, 2$ の相対分子数はおおよそ $1.00 : 0.36 : 0.13$ である。このような場合，図 9.8 中の吸収スペクトルに見られるように，振動励起状態からの遷移（ホットバンド）も観測される。図中のフランク-コンドン因子（FCF）にはこの相対分子数をかけてあるが，その強度パターンは実測のスペクトルをよく再現している。

さて，観測される遷移の吸収波数を計算しよう。まず，**図 9.9** に示すように，それぞれの電子状態のエネルギー（**電子項**）の差を

$$\Delta \tilde{T}_e = \tilde{T}_e' - \tilde{T}_e'' \tag{9.18}$$

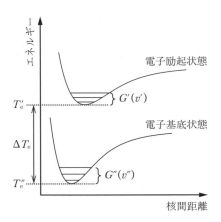

図 9.9 電子基底状態および電子励起状態の振動構造

とする。各電子状態における振動エネルギーは波数単位（振動項）で

$$G(v) = \tilde{\nu}_e \left(v + \frac{1}{2} \right) - \tilde{\nu}_e \tilde{x}_e \left(v + \frac{1}{2} \right)^2 + \cdots \tag{9.19}$$

と書けるから，吸収波数は電子項の差と，両電子状態の振動項の差を用いて

158 9. 電子遷移

$$\tilde{\nu}_{v',v''} = \Delta \tilde{T}_e + \left\{ \tilde{\nu}_e'\left(v'+\frac{1}{2}\right) - \tilde{\nu}_e'\tilde{x}_e'\left(v'+\frac{1}{2}\right)^2 + \cdots \right\} \\ - \left\{ \tilde{\nu}_e''\left(v''+\frac{1}{2}\right) - \tilde{\nu}_e''\tilde{x}_e''\left(v''+\frac{1}{2}\right)^2 + \cdots \right\} \quad (9.20)$$

と表される.一般に,電子基底状態の電子項をエネルギーの原点にとり,$\tilde{T}_e''=0$ とする.また,通常の実験条件下では電子基底状態の $v''=0$ のみが熱的に占有されているから

$$\tilde{\nu}_{v',0} = \tilde{T}_e' + \left\{ \tilde{\nu}_e'\left(v'+\frac{1}{2}\right) - \tilde{\nu}_e'\tilde{x}_e'\left(v'+\frac{1}{2}\right)^2 + \cdots \right\} \\ - \left\{ \frac{1}{2}\tilde{\nu}_e'' - \frac{1}{4}\tilde{\nu}_e''\tilde{x}_e'' + \cdots \right\} \quad (9.21)$$

となる.ここで,式(9.21)の右辺第2項は電子励起状態の振動項,第3項は電子基底状態の $v=0$ の振動項,つまり零点エネルギーに対応している.したがって,電子スペクトルに観測される振動構造には,電子励起状態の振動エネルギーの差が反映される.このような,振動構造を有する電子遷移を**振電遷移**という.

図 9.10 は一酸化窒素分子 NO の電子基底状態（X 状態）から電子励起状態（A 状態）への電子遷移に相当する吸収スペクトルである.X 状態の $v=0$ から A 状態の $v=0, 1, 2, 3$ への遷移が観測されている.各振動準位への遷移の相対

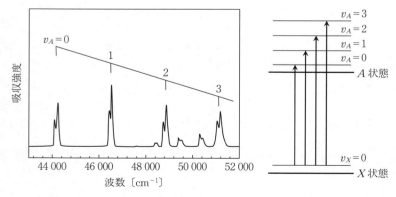

図 9.10 NO 分子の A - X 電子遷移の吸収スペクトルと対応するエネルギー準位図［文献 6）のデータを元に著者作成］

的な強度は X 状態と A 状態との間のフランク-コンドン因子を反映している。このスペクトルには，おおよそ 2 300 cm^{-1} の間隔でピークが観測されている（ピークが分裂しているように見えるのは回転構造である）。これは A 状態の振動エネルギー準位の間隔に相当している。このように，電子遷移を観測することで電子励起状態の構造情報を得ることができる。ちなみに，NO 分子の電子基底状態の振動波数は 1 904.20 cm^{-1}，A 状態の振動波数は 2 374.31 cm^{-1} と，A 状態のほうが大きな振動波数をもっている。NO 分子は 15 個の電子をもち，その分子軌道のエネルギーダイアグラムは図 9.11 のようになっている。図（a）は最もエネルギーの低い状態，つまり電子基底状態の電子配置である。NO 分子は不対電子をもつラジカルであり，そのラジカル電子は N 原子および O 原子の 2p 軌道から作られる，反結合性軌道 $2\pi^*$ に収容されている。その一方で A 状態では，図（b）に示すような電子配置になっている。したがって，電子基底状態から A 状態への励起は，$2\pi^*$ にあった電子が，3s 軌道から作られる結合性軌道 7σ に移動することに相当する。A 状態への電子励起に伴って結合性が増加する，つまり力の定数が増加するために，結果として A 状態のほうが大きな振動波数をもつのである。また，結合性が増加するということは結合次数が増えることに対応するため，$r_e(X) = 1.151$ Å，$r_e(A) = 1.064$ Å のよう

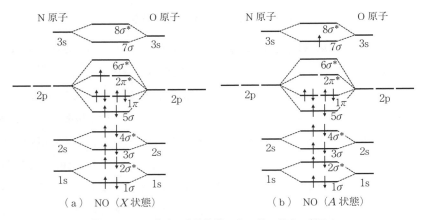

図 9.11　NO 分子の分子軌道エネルギーダイアグラム

に平衡核間距離は減少する。

電子状態のポテンシャルエネルギー曲線において，解離限界以下の領域と解離限界以上の領域で分子の挙動が異なる。**図 9.12** に示すように，解離限界よりもエネルギーが低い領域にのみ**離散準位**が存在する。その一方で，解離限界よりも上位のエネルギー領域は**連続状態**となる。解離限界以上のエネルギー領域においては原子状態で存在するほうが安定である。また，解離性電子状態にはポテンシャルの井戸がほとんど存在しないため，ほぼ全領域で連続状態となる（わずかに量子化された準位が存在することもある）。

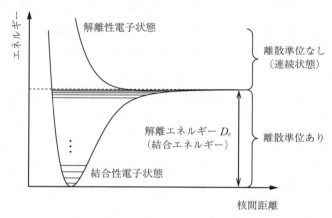

図 9.12　解離限界前後での量子状態

図 9.13（a）は**結合性電子励起状態**への励起過程と，観測される吸収スペクトルの模式的な形状を示した。解離限界以下の領域では離散スペクトルが，解離限界以上の領域では連続スペクトルが観測される。解離限界以上の領域に励起された場合，分子はただちに解離する。また，図（b）には**解離性電子状態**への励起過程を示した。解離性電子状態へ励起された分子はただちに解離限界に向かってポテンシャルの坂を滑り落ちるように解離する。解離性電子状態は離散的な量子準位をもたないため，その吸収スペクトルは連続的な構造を示す。どちらの場合も始状態の振動波動関数に従って変調を受けたような形状のスペクトルが得られる。

9.3 電子遷移の回転構造

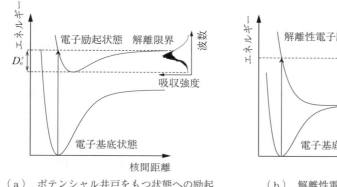

(a) ポテンシャル井戸をもつ状態への励起　　(b) 解離性電子状態への励起

図 9.13 解離を伴う光励起過程と吸収スペクトル

9.3 電子遷移の回転構造

これまでは電子遷移に伴う振動状態の変化について考えてきた。ここではさらに微細な，電子遷移に伴う回転構造について説明しよう。ただし，簡単のために閉殻系一重項電子状態のみを取り扱うこととする。回転エネルギー（回転項）は

$$F(J) = \tilde{B}J(J+1) \tag{9.22}$$

であり，遠心歪みおよび振動-回転相互作用を考慮した実効回転定数は

$$\tilde{B} = \tilde{B}_e - \tilde{D}_e J(J+1) - \tilde{\alpha}_e \left(v + \frac{1}{2}\right) \tag{9.23}$$

と書ける。ここではどのような補正項を含めても式を書き下せるように，回転項を式 (9.22) で表したまま議論を展開しよう。さて，回転状態に関する遷移選択律は振動-回転スペクトルの場合と同様で

$$\Delta J = J' - J'' = \pm 1 \tag{9.24}$$

であり，$\Delta J = 1$ の回転線群は R branch，$\Delta J = -1$ の回転線群は P branch である。式 (9.20) で表される電子-振動のエネルギー差 $\tilde{\nu}_{v',v''}$ を用いれば，R および P branch の吸収波数は

$$\tilde{\nu}_\mathrm{R} = \tilde{\nu}_{v',v''} + (\tilde{B}' + \tilde{B}'')(J''+1) + (\tilde{B}' - \tilde{B}'')(J''+1)^2, \quad (9.25\mathrm{a})$$

$$\tilde{\nu}_\mathrm{P} = \tilde{\nu}_{v',v''} - (\tilde{B}' + \tilde{B}'')J'' + (\tilde{B}' - \tilde{B}'')J''^2 \quad (9.25\mathrm{b})$$

となる。ここで、$\tilde{B}'$ は電子励起状態の回転定数、$\tilde{B}''$ は電子基底状態の回転定数である。すでに 7.5 節や演習問題 7.8 で式 (9.25a, b) と同様の式が登場している。しかし、7 章では電子基底状態の中の振動状態による回転定数の違いを議論したが、今回は電子状態による回転定数の違いを考えていることに注意せよ。もちろん、電子励起状態においても回転定数は振動依存性を示す。そのような効果は、電子励起状態における振動-回転相互作用定数を考慮することで取り込むことができる。

ここで m という量子数を定義しよう。この量子数は回転状態を表す量子数 M とは異なるので混同しないよう注意せよ。R branch に対して $m = J''+1$、P branch に対して $m = -J''$ とおけば、式 (9.25a, b) はまとめられて

$$\tilde{\nu}(m) = \tilde{\nu}_{v',v''} + (\tilde{B}' + \tilde{B}'')m + (\tilde{B}' - \tilde{B}'')m^2 \quad (9.26)$$

となる。式 (9.26) は量子数 m についての二次関数（フォルトラ包絡線）である。フォルトラ包絡線は図 9.14 に示すように、電子基底状態および電子励起状態の回転定数の大きさによって、上に凸あるいは下に凸のグラフになる。

フォルトラ包絡線の頂点を与える m の値を求めよう。式 (9.26) において m を連続変数とみなし、m に関する微分が 0 となるときに極値が得られる。つまり、フォルトラ包絡線は

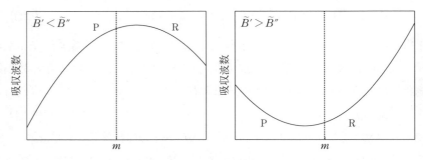

図 9.14　フォルトラ包絡線

9.3 電子遷移の回転構造

$$\frac{d\tilde{\nu}(m)}{dm} = (\tilde{B}' + \tilde{B}'') + 2(\tilde{B}' - \tilde{B}'')m = 0 \tag{9.27}$$

のときに頂点を迎え，そのときの m の値は

$$m_H = -\frac{(\tilde{B}' + \tilde{B}'')}{2(\tilde{B}' - \tilde{B}'')} \tag{9.28}$$

で与えられる．フォルトラ包絡線に頂点があるということは，横軸を波数としてスペクトルを描いた場合に，電子状態の回転定数の違いに応じて R branch または P branch に折返しが生じることを示している．この折返しを**バンドヘッド**という．**図 9.15** には重水素化銅分子 CuD の $A \leftarrow X (v'=0 \leftarrow v''=0)$ 遷移の回転構造を，また，**図 9.16** にはフォルトラ包絡線を示してある．これらの図中にある R(0) などの表記のカッコ内は始状態（電子基底状態）の回転量子数を表す．CuD 分子の $A \leftarrow X$ 遷移では，電子励起状態の回転定数 $\tilde{B}'$ よりも電子基底状態の回転定数 $\tilde{B}''$ のほうが大きいため（つまり電子励起状態のほうが長い平衡核間距離をもつ），R branch にバンドヘッドが生じる．一般的に，電子励起が起こるということは，電子がよりエネルギーの高い電子軌道に収容されることに対応しており，電子が原子核からより遠い距離に分布することにな

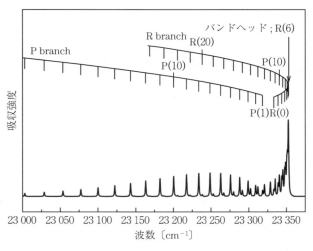

図 9.15 CuD 分子の $A \leftarrow X(v'=0 \leftarrow v''=0)$ 遷移の回転構造
〔文献 7）のデータを元に著者作成〕

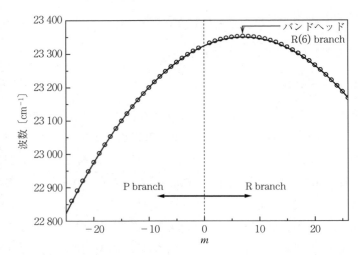

図 9.16 CuD 分子の $A \leftarrow X(v'=0 \leftarrow v''=0)$ 遷移のフォルトラ包絡線 [文献 7) のデータを元に作成]

る。すると，結合を担っていた電子密度が低下し，結果として核間距離が伸びるために，電子励起状態の回転定数のほうが基底状態の回転定数に比べて小さくなる。先ほどの NO 分子などのように，反結合性電子が結合性電子に変わる場合などは例外である。

9.4 励起分子の動的過程

　ここまで本書ではおもに，分子に光を照射して励起状態を生成すること，そしてその際に得られる情報を中心に議論してきた。しかし，励起分子はいつまでも励起状態に留まっているわけではない。励起状態，特に電子励起状態にある分子はエネルギー的に非常に不安定であるから，何らかの形でエネルギーを放出して安定な状態へと失活する。この失活過程は大きく分けて，**放射失活過程**と**無放射失活過程**に分類される。放射失活過程とは，光としてエネルギーを放出して安定化する過程である。放射失活過程にはおもに二種類の発光過程である，**蛍光**（自然放射）と**りん光**が知られている。無放射失活過程は発光せず

にエネルギーを放出する過程である。**振動緩和**，**内部転換**，**項間交差**などの過程が無放射失活過程に分類される。また，イオン化や結合解離，化学反応などによって失活する場合もある。ここからは，励起分子が辿る失活過程について説明しよう。

蛍光は自然放射とも呼ばれるごく一般的な発光の過程で，電子励起状態にある分子が光を放出して安定化する現象である。希薄な気相中では，励起分子は他の分子と衝突することなく，蛍光を放出して電子基底状態まで緩和する。

図9.17にはNO分子の$A \rightarrow X$遷移の蛍光スペクトルと対応するポテンシャルエネルギー曲線を示した。図(a)のスペクトルの上段はA状態の$v'=2$からの発光スペクトル，下段は$v'=0$からの発光スペクトルである。どちらのスペクトルにも基底状態のさまざまな振動準位への遷移が観測されている。吸収スペクトルには励起状態の振動構造が観測されるのに対して，発光スペクトルには，到達先（ここでは電子基底状態）の電子状態の振動構造が観測される。発光スペクトルに見られるピークの分裂は，回転状態の変化に起因する構造（回転線）である。5.3節では発光の確率がアインシュタインのA係数および，励起状態にある分子の数密度に比例することを説明した。ここで，アインシュタインのA係数は，電子遷移双極子モーメントの2乗とフランク-コンドン因子に比例する。電子遷移双極子モーメントは電子遷移固有の値であると考えることができるので，スペクトルに見られる振動構造の相対強度は，電子励起状

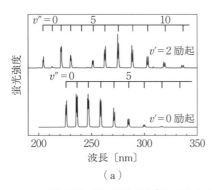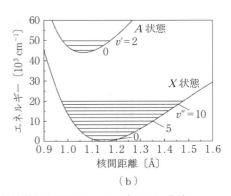

図9.17 NO分子の蛍光スペクトルと対応するポテンシャルエネルギー曲線

態および基底状態の間のフランク-コンドン因子に従っていると考えることができる.つまり,他の分子との相互作用がない場合には,励起された振動状態の波動関数と大きな重なり積分をもつ,フランク-コンドン的に有利な基底状態の振動準位への遷移が見られるのである.したがって,図からもわかるように,励起する電子励起状態の振動準位が異なればまったく異なる発光スペクトルのパターンが観測される.

高圧条件下または液相中では,周辺に存在する分子との衝突によってエネルギーの交換が起こるために,電子励起状態の高振動準位を励起したとしても,電子励起状態の振動基底状態 $v'=0$ まで急速に無放射失活してしまう.このような過程を振動緩和という.励起分子はこの振動緩和の後に,蛍光を放出して電子基底状態まで緩和する.この振動緩和は蛍光の速度と比べて非常に速いため,高圧条件下や液相での発光スペクトルには電子励起状態のどの振動準位を励起したとしても,電子励起状態の $v'=0$ からの発光のみが観測される.したがってその発光スペクトルは図 9.18 のように,吸収スペクトルを鏡に映したような形状をしている.また,低波数の基準振動をもつ大きな分子,つまり多くの運動自由度をもつ分子では,低い圧力条件下であっても,分子間衝突によって他のエネルギーの低い振動にエネルギーを再分配し,電子励起状態において振動状態の緩和が起こることがある.

蛍光による励起分子の失活過程を速度論的に取り扱おう.5.3 節で説明したように,励起状態(状態 1)から基底状態(状態 0)への蛍光による励起状態

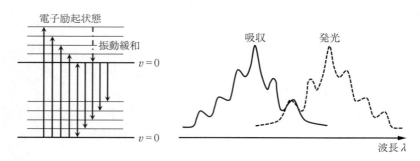

図 9.18 吸収スペクトルと発光スペクトルの鏡像関係

分子の減少速度は，アインシュタインの A 係数と励起状態の分子密度に比例し

$$\frac{dN_1}{dt} = -A_{10}N_1 \tag{9.29}$$

と書ける．式 (9.29) の右辺のマイナスの符号は，蛍光過程によって励起分子の分子密度が減少することに対応している．この微分方程式を変数分離して積分すると

$$\int \frac{dN_1}{N_1} = -A_{10}\int dt \tag{9.30}$$

$$\ln N_1(t) = -A_{10}t + C \tag{9.31}$$

となる．初期条件：$t=0$ で $N_1(t) = N_1(0)$ のもと，励起状態の分子密度 N_1 を時間の関数として書き下せば

$$N_1(t) = N_1(0)e^{-A_{10}t} \tag{9.32}$$

となる．したがって，励起状態の分子密度 N_1 は蛍光によって指数関数的に時間減衰する．この減衰の様子を図 9.19 に示した．

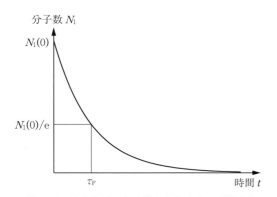

図 9.19 蛍光失活による励起分子密度の時間変化

蛍光による励起状態の失活速度の目安として，**蛍光寿命** τ_F という量を定義しよう．この蛍光寿命とは，励起分子密度 N_1 が $t=0$ における分子密度 $N_1(0)$ の $1/e$ になるまでに要する時間のことである．つまり，$t = \tau_F$ のとき，$N_1 = N_1(0)/e$ だから

168   9. 電 子 遷 移

$$\tau_F = \frac{1}{A_{10}} \tag{9.33}$$

である。したがって，蛍光寿命は二準位間のアインシュタインの A 係数の逆数である。5.3 節でも説明したように，A 係数は二準位間のエネルギー差（振動数 ν）の 3 乗と遷移双極子モーメント μ_{trs} の 2 乗に比例する。それゆえ，二準位間のエネルギー差が大きいほど，また遷移双極子モーメントが大きいほど，蛍光寿命は短くなる。一般に，電子励起状態の蛍光寿命はナノ秒（10^{-9} s）のオーダーである。

　ここまでは，基底状態および励起状態の二準位のみが存在する系をモデルとして扱ってきたが，実際の分子の電子励起状態においては到達先が基底状態のみであるとは限らない。例えば，状態 2 から状態 0 および状態 1（ここで状態 0，状態 1 は状態 2 よりも低エネルギーの状態とする）への蛍光による遷移が許容遷移である場合，つまり到達先が二つある場合，状態 2 の蛍光による正味の失活速度は，2 → 0 遷移の速度と 2 → 1 遷移の速度の和

$$\frac{dN_2}{dt} = -A_{20}N_2 - A_{21}N_2 = -(A_{20} + A_{21})N_2 \tag{9.34}$$

で表される。この場合，状態 2 の蛍光寿命 $\tau_F^{(2)}$ は 2 → 0 遷移と 2 → 1 遷移の A 係数の和の逆数

$$\tau_F^{(2)} = \frac{1}{A_{20} + A_{21}} \tag{9.35}$$

で与えられる。さらに一般化すれば，状態 i の蛍光寿命 $\tau_F^{(i)}$ は

$$\tau_F^{(i)} = \frac{1}{\sum_j A_{ij}} \tag{9.36}$$

となる。ここで，j は状態 i から到達可能な低位の状態を表す。このように，励起状態の蛍光寿命は，遷移選択律から許容されるすべての遷移の遷移確率（アインシュタインの A 係数）によって決定される。一般的に，高エネルギー領域に存在する電子励起状態ほど，低位に存在する電子状態が多いために到達先が多くなり，また，電子状態間のエネルギー差も大きくなるために，低エネ

9.4 励起分子の動的過程　169

ルギー領域に存在する電子励起状態と比べて短い蛍光寿命をもつ傾向がある。

　放射失活過程には蛍光のほか，りん光と呼ばれる過程が知られている。りん光は電子スピン状態が異なる電子状態間における発光過程であり，**図 9.20** に示す機構で発生する。ここで S_1 (**一重項**励起状態) および T_1 (**三重項**励起状態) は電子スピン状態の異なる電子励起状態である。電子励起状態 S_1 にある分子の電子スピンが反転し，スピン状態の異なる電子励起状態 T_1 へ移る（項間交差と呼ばれる無放射失活）。その後，電子基底状態 S_0 （一重項基底状態）へりん光を放出して緩和する。通常，$T_1 \rightarrow S_0$ 遷移のような電子スピン状態の異なる状態間の遷移は禁制であり，この発光過程は非常に遅い過程である。蛍光の寿命がナノ秒オーダーであるのに対して，りん光の寿命はマイクロ秒からミリ秒オーダーで，蛍光過程と比べると非常にゆっくりとした過程である（分子によっては数秒から数分光り続ける）。分子にほんの一瞬だけ光を照射したとしても電子励起状態が生成されるが，その励起分子がひとたび項間交差によって三重項状態に移行すれば，その分子は非常に長い間発光を続ける。

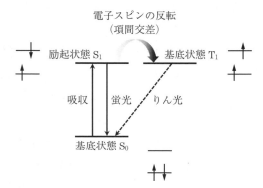

図 9.20　りん光の機構（電子励起状態で項間交差によりスピン状態の変換が起こった後に発光する。）

　つぎに，いくつかの無放射失活過程を例にあげ，励起分子が辿る失活過程を俯瞰してみよう。無放射失活過程は光放射を伴わず，エネルギーを放出していく過程である。衝突がないとき，励起分子はエネルギーが保存される過程しか

170   9. 電 子 遷 移

起こすことができないから，基底状態へ戻るには光子を放出しなければならない（放射失活）。しかし，励起分子と試料中の他の分子との衝突があると，余分な振動エネルギーの一部を奪うようなエネルギー交換が生じる。この過程を振動緩和という。励起分子は振動緩和によって S_1 状態の最低振動状態 $v=0$ へ急速に緩和していく。分子が S_1 状態の最低振動状態に達すると，蛍光あるいは，衝突によって電子励起状態から電子基底状態 S_0 のどこかの振動-回転エネルギー準位へ無放射失活を起こす。このような同じ電子スピン状態間の無放射失活過程を内部転換という。

また，S_1 電子状態の振動-回転状態の中に T_1 電子状態の振動-回転状態とエネルギー的に近接している状態が存在すると，異なる電子スピン状態間で無放射遷移を起こすことができる。この過程を項間交差という。項間交差は電子スピン状態が変化しなければならないため，一般的には内部転換よりも遅い過程である。項間交差によって過剰な振動エネルギーをもつ T_1 状態の分子ができると，その状態内で振動緩和が起こることがある。T_1 状態の最低振動準位に到達すると，りん光放出あるいは衝突によって電子励起状態から電子基底状態のどこかの振動-回転エネルギー準位へ項間交差を起こし S_0 状態へと緩和していく。このように，電子励起状態にある分子はさまざまな過程で失活していく。さらに，これらの過程は競合することも多く見られる。**図 9.21** には色々な放射失活および無放射失活過程を示した。このような図を**ヤブロンスキー（Jablonski）ダイアグラム**という。また，**表 9.2** にはこのような緩和過程の時間スケールをまとめてある。三重項状態を経由する過程は比較的長い時間持続する。さらに，電子励起状態において異性化や結合解離，イオン化等の化学反応過程も起こる場合がある。無放射失活過程や化学反応過程が放射失活過程の時間スケールに比べて速く起こる場合，その電子状態は蛍光を示さない**暗い状態**になる。

放射失活過程および無放射失活過程が競合する際，励起状態の寿命がどのように変化するかを考えよう。ここでは簡単のために，励起分子 A^* の失活過程として，蛍光および分子間衝突による失活経路を考える。すなわち

9.4 励起分子の動的過程

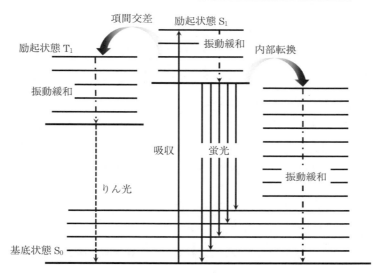

図 9.21 ヤブロンスキーダイアグラム

表 9.2 電子励起状態にある分子の緩和過程

過程	遷移	電子スピン状態の変化	時間スケール〔s〕
蛍光	放射 $S_1 \to S_0$	なし	10^{-9}
内部転換	衝突 $S_1 \to S_0$	なし	$10^{-12} \sim 10^{-7}$
振動緩和	衝突	なし	10^{-14}
項間交差	$S_1 \to T_1$	あり	$10^{-12} \sim 10^{-6}$
	$T_1 \to S_0$	あり	$10^{-8} \sim 10^{-3}$
りん光	$T_1 \to S_0$	あり	$10^{-7} \sim 10^{-5}$

蛍光による失活　$A^* \to A + h\nu$　　　$k_R = 1/\tau_F$　　　(9.37a)

衝突による失活　$A^* + Q \to A + Q^*$　　k_Q　　　(9.37b)

の二つの過程である. 速度定数 k_R は蛍光寿命 τ_F の逆数, つまりアインシュタインの A 係数である. また, Q は励起分子 A^* を失活させる分子で消光分子と呼ばれる. 消光分子は希ガスなどの不活性分子や電子励起されていない A 分子である. 衝突による失活の速度定数 k_Q を**消光定数**, 特に, 励起されていない A 分子による消光の速度定数を**自己消光定数**と呼ぶ.

さて, 励起分子 A^* の正味の分子数 (濃度) の時間変化は, 上記二つの過程

の速度の和

$$\frac{d[A^*]}{dt} = -k_R[A^*] - k_Q[Q][A^*] = -(k_R + k_Q[Q])[A^*] \tag{9.38}$$

で表される。ここで、[ ]は分子の濃度を表している。消光分子Qの濃度は時間変化しないとして、式(9.38)を積分すると

$$[A^*] = [A^*]_0 e^{-(k_R + k_Q[Q])t} = [A^*]_0 e^{-t/\tau} \tag{9.39}$$

を得る。ここで、τはあるQの濃度における、励起状態の正味の寿命である。したがって、励起分子の濃度がもとの$1/e$になるまでの時間（寿命）の逆数は

$$\frac{1}{\tau} = k_R + k_Q[Q] = \frac{1}{\tau_F} + k_Q[Q] \tag{9.40}$$

で与えられる。これを**シュテルン-フォルマー（Stern-Volmer）の式**という。消光分子の濃度に対して、寿命τの逆数をプロットすればτ_Fとk_Qを独立に決定することができる。**図9.22**にはI_2分子のH状態と呼ばれる電子励起状態についてのシュテルン-フォルマープロットを示した。このとき、消光分子は基底状態のI_2分子である。これらの蛍光寿命や消光定数は、励起状態における失活過程や反応過程に関する情報を含む非常に重要なデータである。

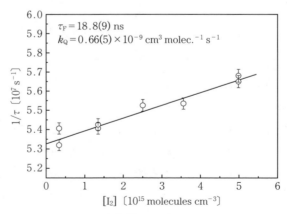

図9.22　I_2分子のH状態についてのシュテルン-フォルマープロット［文献8）のデータを元に作成］

演 習 問 題

問題 9.1 箱の中の粒子モデルを用いて β-カロテンの共役鎖の長さを計算せよ。極大吸収波長は 450 nm である。

問題 9.2 $^{12}\mathrm{C}^{16}\mathrm{O}$ 分子の電子基底状態の振動準位 $v'' = 0$ から A 状態と呼ばれる電子励起状態の振動準位 $v' = 0, 1, 2$ への電子遷移を観測したところ,吸収線の波数は低波数側から 64 748.46 cm^{-1}, 66 227.90 cm^{-1}, 67 668.54 cm^{-1} であった。表 G.1 に記載されている電子基底状態の分子定数を用いて,$^{12}\mathrm{C}^{16}\mathrm{O}$ 分子の A 状態のエネルギー(電子項)$\tilde{T}_\mathrm{e}$,調和振動波数 $\tilde{\nu}_\mathrm{e}$ および非調和定数 $\tilde{\nu}_\mathrm{e}\tilde{x}_\mathrm{e}$ を求めよ。このとき,回転に関する項は無視してよい。

問題 9.3 炭素分子 C_2 の d–a 状態間の電子状態間遷移は**スワン(Swan)バンド**と呼ばれている。d 状態および a 状態の分子定数はそれぞれ**表 9.3** のとおりである。$d(v=0) \leftarrow a(v=0)$ 遷移に相当する吸収波数と吸収波長を求めよ。

表 9.3 C_2 の分子定数[9]

分子定数	d 状態	a 状態
$\tilde{T}_\mathrm{e}$ 〔cm^{-1}〕	20 022.50	716.24
$\tilde{\nu}_\mathrm{e}$ 〔cm^{-1}〕	1 788.22	1 641.35
$\tilde{\nu}_\mathrm{e}\tilde{x}_\mathrm{e}$ 〔cm^{-1}〕	16.44	11.67

問題 9.4 水素分子 H_2 のある電子遷移には R branch $J'' = 1$ (R(1)) にバンドヘッドが生じる。基底状態の回転定数が 60.80 cm^{-1} であることから,励起状態の回転定数を求めよ。

問題 9.5 ある分子の基底状態から第二電子励起状態への吸収波長が 200 nm であり,第二励起状態から第一電子励起状態への発光が 600 nm であった。

(1) 基底状態から第二電子励起状態への振動数と 1 光子あたりのエネルギーを求めよ。

(2) 基底状態から第一電子励起状態への吸収波長を求めよ。

174　　9. 電 子 遷 移

問題 9.6　ある分子の電子励起状態から電子基底状態への発光が 500 nm であった。遷移双極子モーメントを 1 D (=3.34×10⁻³⁰ C m) として，励起状態の寿命を求めよ。

問題 9.7　量子状態が縮退している場合のアインシュタインの A 係数は

$$A_{10} = \frac{16\pi^3 \nu_{10}^3}{3\varepsilon_0 hc^3} \frac{g_0}{g_1} |\mu_{\mathrm{trs}}|^2 \tag{9.41}$$

と表される。ここで g_0 および g_1 は基底状態および励起状態の縮退度である。121.6 nm に観測される水素原子の 2p → 1s 遷移（ライマン α 線）を考えよう。水素原子の 2p 状態は三重縮退しており，その蛍光寿命は 1.6 ns である。この遷移の遷移双極子モーメントの値を求めよ。

問題 9.8　容器中に分子 A と消光分子 Q を封入し，ある励起状態の寿命を測定した。Q の濃度が $1.0 \times 10^{-3}\,\mathrm{mol\,L^{-1}}$ のとき，励起状態の寿命が 20 ns であり，Q の濃度が $3.0 \times 10^{-3}\,\mathrm{mol\,L^{-1}}$ のとき，励起状態の寿命が 15 ns であった。蛍光寿命 τ_{F} と消光定数 k_{Q} を求めよ。

10.

分子の対称性と分光学

分子はさまざまな形をしているが，幾何学的な対称性をもっているものが多い。それらの対称性には異なる分子の間で共通なものがあり，群論に基づいて分子を分類することができる。本章では群論の基礎を学習し，分子分光学にどのように応用するかを見ていこう。

10.1 対称要素と対称操作

水分子 H_2O は二等辺三角形のような構造をしており，左右対称な分子である。このような，「ものの形」を系統的に取り扱うのが**群論**である。特に分子の形や分子軌道の対称性を理解する上では**点群**を利用する。本来群論は抽象的な数学であり，その理論を完全に理解することは大変であるが，分子の対称性を扱う上ではいくつかの基本法則と**指標表**を利用できればよい。ここではその必要最小限を解説し，どのように分子に適用するかを考えよう。

分子に幾何学的操作をほどこしても，見かけ上なんの変化も起きないような軸や平面などを**対称要素**という。また，対称要素に基づく幾何学的操作を**対称操作**という。分子の対称性を考える上で考慮しなければならない対称要素は**回転軸**（回転対称軸），**鏡映面**（対称面），**対称心**，**回映軸**，**恒等要素**の5種類である。

ある軸のまわりに分子を $2\pi/n$ の角度だけ回転させると元の形と重なるとき，その軸を n 回回転軸といい，C_n と表す。例えば，**図 10.1** に示す H_2O 分子は C_2 軸（2回回転軸）で $180°$ 回転させると元の形と区別がつかない。一つ

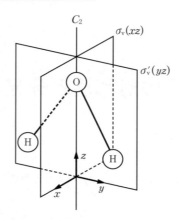

図 10.1　H$_2$O 分子の対称要素

の分子が複数の回転軸をもつ場合もある．例えば，**図 10.2** に示すような三フッ化ホウ素分子 BF$_3$ は分子面に垂直な C_3 軸と，分子面に垂直な 3 本の C_2 軸をもつ．また，水素分子 H$_2$ などの等核二原子分子では**図 10.3** に示すように分子軸に直交する C_2 軸と，C_∞ 軸（分子軸）をもつ．このように複数の回転軸をもつ場合，n の値が最大な軸を主軸といい，それを z 軸にとる．

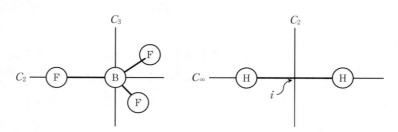

図 10.2　BF$_3$ 分子の回転軸　　図 10.3　H$_2$ 分子の回転軸と対称心

ある面に対して反射をしたときに元の形と区別がつかない場合，その分子は鏡映面をもつという．主軸に垂直な鏡映面を σ_v（下付きの v は vertical を示す）で表す．図 10.1 に示した H$_2$O 分子の $\sigma_v(xz)$ 面と $\sigma_v'(yz)$ 面は両方とも主軸（C_2 軸）に垂直な鏡映面である．主軸に水平な鏡映面を σ_h（下付きの h は horizontal を示す）で表す．BF$_3$ 分子は分子平面上の σ_h 面と，C_2 軸に水平な 3 枚の σ_v 面

をもつ。σ_v の特殊な場合として，分子軸に直交する複数の C_2 軸があるとき，隣接する 2 本の C_2 軸のなす角を 2 等分するように斜めに切る鏡映面を σ_d（下付きの d は diagonal を示す）と記す。**図 10.4** に示すように，ベンゼンには向かい合う炭素原子を結ぶ C_2 軸と向かい合う C–C 結合の中心を通る C_2' 軸の二種類の 2 回回転軸がある。図のように C–C 結合の中心を通る鏡映面は二種類の C_2 軸のなす角を二等分するように斜めに切るため σ_d と定義される。

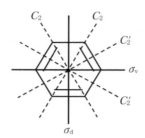

図 10.4 ベンゼンの回転軸と鏡映面

ある点に対して反転させる操作 $(x, y, z) \rightarrow (-x, -y, -z)$ を行ったとき，元の形と区別がつかなくなる分子は対称心 i をもっている。例えば，図 10.3 に示す H_2 分子には結合の中心に，図 10.4 のベンゼンでは芳香環の中心に対称心が存在する。

ある軸のまわりに $2\pi/n$ 回転させて，その後軸に垂直な面で鏡映することで元の構造と区別がつかなくなるとき，その軸を回映軸 S_n という。

これら四つの対称要素で分子の対称性を表すが，これらに加えて恒等要素 E を付け加える。これは形式的な要素であるが，すべての分子がもつ要素である。

対称要素に付随して，対応する対称操作が存在する。例えば 2 回回転軸 C_2 に対応する対称操作は軸のまわりで $180°$ 回転する操作であり，これを $\hat{C}_2$ と書く。対称操作はまさに演算子のような役割を果たすと考えてよい。例えば，調和振動子の $v=1$ の波動関数 ψ_1 に対して $\hat{C}_2$ を作用させると

$$\hat{C}_2 \psi_1 = -\psi_1 \tag{10.1}$$

となる（**図 10.5**）。

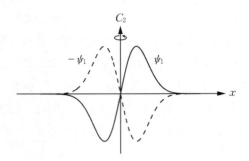

図 10.5 調和振動子の $v=1$ の波動関数の対称性

10.2 点群の分類

対称要素の集合体からなる対称操作の組の集まりは点群と呼ばれる。H_2O 分子のように $E, C_2, \sigma_v(xz)$ および $\sigma_v'(yz)$ の四つの対称要素をもつ場合, **C_{2v} 点群**に属するという。一般に, C_n と n 個の σ_v をもつ分子は **C_{nv} 点群**に属する。また, C_n と σ_h をもつ分子は **C_{nh} 点群**に属する。このとき n が偶数であれば自動的に対称心 i をもつ。

さらに高い対称性をもつ点群でよく登場するのは **D_{nh} 点群**である。この点群に属する分子は C_n 主軸と n 個の σ_v, 主軸に垂直な n 個の C_2 および水平面 σ_h をもつ。この場合も n が偶数であれば i が加わる。

表 10.1 にはいくつかの点群とそれを構成する対称要素をまとめた。また,

表 10.1 いくつかの点群と対称要素

点　群	対称要素	分子の例
C_{2v}	$E, C_2, 2\sigma_v$	H_2O, CH_2CO, CH_2Cl_2
C_{3v}	$E, C_3, 3\sigma_v$	NH_3, CH_3Cl
C_{2h}	E, C_2, i, σ_h	$trans$-HClC = CClH
D_{2h}	$E, 3C_2$(たがいに垂直), $i, 3\sigma_v$(たがいに垂直)	C_2H_4(エチレン)
D_{3h}	$E, C_3, 2C_2$(C_3 軸に垂直), $\sigma_h, S_3, 3\sigma_v$	SO_3, BF_3
D_{4h}	$E, C_4, 4C_2$(C_4 軸に垂直), $i, S_4, \sigma_h, 2\sigma_v, 2\sigma_d$	XeF_4
D_{6h}	$E, C_6, 3C_2, 3C_2', i, S_6, \sigma_h, 3\sigma_v, 3\sigma_d$	C_6H_6(ベンゼン)
D_{2d}	$E, S_4, 3C_2, 2\sigma_d$	$H_2C = C = CH_2$(アレン)
T_d	$E, 4C_3, 3C_2, 3S_4, 6\sigma_d$	CH_4

分子の属する点群は**図10.6**に示すフローチャートを利用して簡単に決定することができる。

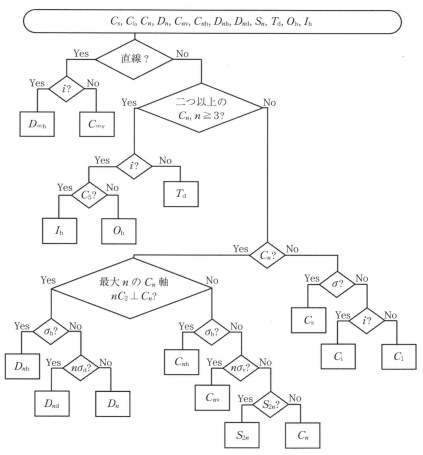

図10.6 点群を決定するフローチャート

10.3 対称操作と表現行列

H_2O 分子に対して対称操作を行った場合どのように変化をするか考えよう。議論を簡単にするために，まずは質量中心を原点とした x, y, z 軸方向ベクトル

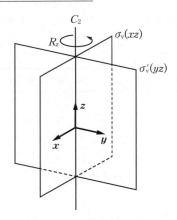

図 10.7 x, y, z 軸方向ベクトル $\boldsymbol{x}, \boldsymbol{y}, \boldsymbol{z}$ と z 軸まわりの回転運動 R_z および C_{2v} 点群の対称要素

$\boldsymbol{x}, \boldsymbol{y}, \boldsymbol{z}$ (図 10.7) に対称操作を施すことにする。

C_2 回転操作を行うと，主軸である z 軸に沿った $\boldsymbol{z}$ ベクトルの方向は変わらないが，$\boldsymbol{x}, \boldsymbol{y}$ ベクトルの方向は逆転する。つまり

$$\hat{C}_2 \boldsymbol{x} = (-1)\boldsymbol{x} + (0)\boldsymbol{y} + (0)\boldsymbol{z} \tag{10.2a}$$

$$\hat{C}_2 \boldsymbol{y} = (0)\boldsymbol{x} + (-1)\boldsymbol{y} + (0)\boldsymbol{z} \tag{10.2b}$$

$$\hat{C}_2 \boldsymbol{z} = (0)\boldsymbol{x} + (0)\boldsymbol{y} + (1)\boldsymbol{z} \tag{10.2c}$$

と書くことができる。これを行列で表すと

$$\hat{C}_2 \begin{pmatrix} \boldsymbol{x} \\ \boldsymbol{y} \\ \boldsymbol{z} \end{pmatrix} = \begin{pmatrix} -1 & 0 & 0 \\ 0 & -1 & 0 \\ 0 & 0 & 1 \end{pmatrix} \begin{pmatrix} \boldsymbol{x} \\ \boldsymbol{y} \\ \boldsymbol{z} \end{pmatrix} \tag{10.3}$$

となる。$\sigma_v(xz)$ 操作では $\boldsymbol{y}$ ベクトルの方向が逆転するから

$$\hat{\sigma}_v(xz) \begin{pmatrix} \boldsymbol{x} \\ \boldsymbol{y} \\ \boldsymbol{z} \end{pmatrix} = \begin{pmatrix} 1 & 0 & 0 \\ 0 & -1 & 0 \\ 0 & 0 & 1 \end{pmatrix} \begin{pmatrix} \boldsymbol{x} \\ \boldsymbol{y} \\ \boldsymbol{z} \end{pmatrix} \tag{10.4}$$

と書ける。また，$\sigma_v'(yz)$ 操作では $\boldsymbol{x}$ ベクトルの方向が逆転するから

$$\hat{\sigma}_v'(yz) \begin{pmatrix} \boldsymbol{x} \\ \boldsymbol{y} \\ \boldsymbol{z} \end{pmatrix} = \begin{pmatrix} -1 & 0 & 0 \\ 0 & 1 & 0 \\ 0 & 0 & 1 \end{pmatrix} \begin{pmatrix} \boldsymbol{x} \\ \boldsymbol{y} \\ \boldsymbol{z} \end{pmatrix} \tag{10.5}$$

と表すことができる。恒等操作では三つのベクトルの向きは変わらないから

$$\hat{E}\begin{pmatrix} x \\ y \\ z \end{pmatrix} = \begin{pmatrix} 1 & 0 & 0 \\ 0 & 1 & 0 \\ 0 & 0 & 1 \end{pmatrix} \begin{pmatrix} x \\ y \\ z \end{pmatrix} \tag{10.6}$$

である。式 (10.3) から式 (10.6) に含まれる行列は**表現行列**と呼ばれる。また，対称操作が施されるベクトル x, y, z は**基底**と呼ばれる。基底としてベクトル x, y, z のほかに，主軸のまわりでの H_2O 分子の回転運動 R_z を加えてみよう。対称操作により回転方向が逆転しないときを $(+1)R_z$，逆転したときを $(-1)R_z$ とすると図 10.8 に示すように

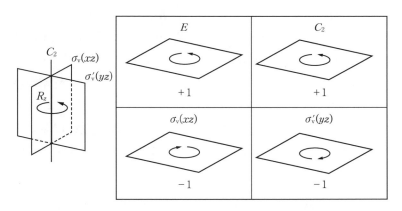

図 10.8 z 軸まわりの回転運動 R_z に対する対称操作の効果

$$\hat{E}R_z = (1)R_z \tag{10.7a}$$

$$\hat{C}_2 R_z = (1)R_z \tag{10.7b}$$

$$\hat{\sigma}_v(xz)R_z = (-1)R_z \tag{10.7c}$$

$$\hat{\sigma}_v'(yz)R_z = (-1)R_z \tag{10.7d}$$

となる。式 (10.7) を含めて式 (10.3) から式 (10.6) を書き直すと

$$\hat{E}\begin{pmatrix} x \\ y \\ z \\ R_z \end{pmatrix} = \begin{pmatrix} 1 & 0 & 0 & 0 \\ 0 & 1 & 0 & 0 \\ 0 & 0 & 1 & 0 \\ 0 & 0 & 0 & 1 \end{pmatrix} \begin{pmatrix} x \\ y \\ z \\ R_z \end{pmatrix} \tag{10.8a}$$

$$\hat{C}_2 \begin{pmatrix} x \\ y \\ z \\ R_z \end{pmatrix} = \begin{pmatrix} -1 & 0 & 0 & 0 \\ 0 & -1 & 0 & 0 \\ 0 & 0 & 1 & 0 \\ 0 & 0 & 0 & 1 \end{pmatrix} \begin{pmatrix} x \\ y \\ z \\ R_z \end{pmatrix} \tag{10.8b}$$

$$\hat{\sigma}_v(xz) \begin{pmatrix} x \\ y \\ z \\ R_z \end{pmatrix} = \begin{pmatrix} 1 & 0 & 0 & 0 \\ 0 & -1 & 0 & 0 \\ 0 & 0 & 1 & 0 \\ 0 & 0 & 0 & -1 \end{pmatrix} \begin{pmatrix} x \\ y \\ z \\ R_z \end{pmatrix} \tag{10.8c}$$

$$\hat{\sigma}_v'(yz) \begin{pmatrix} x \\ y \\ z \\ R_z \end{pmatrix} = \begin{pmatrix} -1 & 0 & 0 & 0 \\ 0 & 1 & 0 & 0 \\ 0 & 0 & 1 & 0 \\ 0 & 0 & 0 & -1 \end{pmatrix} \begin{pmatrix} x \\ y \\ z \\ R_z \end{pmatrix} \tag{10.8d}$$

となる。これらの行列は対角項のみから構成されるため，$\hat{E}x=(1)x$, $\hat{C}_2 x=(-1)x$, $\hat{\sigma}_v(xz)x=(1)x$, $\hat{\sigma}_v'(yz)x=(-1)x$ というように 1×1 の行列（一次元の表現）で書くことができる。これらのカッコで記した (1) や (-1) の値を**指標**といい，$\chi(E)=1$, $\chi(C_2)=-1$ などと表す。対称操作に対するベクトル x, y, z, R_z の振る舞いはたがいに異なり，これらを**既約表現**という。これらの既約表現に対する対称操作の結果を以下の**表 10.2** にまとめた。ここで，便宜上これらの既約表現に対して Γ_1 から Γ_4 の記号を当てはめた。

表 10.2 ベクトル x, y, z, R_z に対する対称操作の結果

	E	C_2	$\sigma_v(xz)$	$\sigma_v'(yz)$	
x	1	-1	1	-1	Γ_1
y	1	-1	-1	1	Γ_2
z	1	1	1	1	Γ_3
R_z	1	1	-1	-1	Γ_4

つぎに，**図 10.9** のように二つの水素原子の 1s 軌道（ψ_a, ψ_b とする）を基底にとって，対称操作を行ってみる。$\hat{C}_2$ では二つの水素原子が入れ替わるから

$$\hat{C}_2 \psi_a = (0)\psi_a + (1)\psi_b \tag{10.9a}$$

$$\hat{C}_2 \psi_b = (1)\psi_a + (0)\psi_b \tag{10.9b}$$

となり，これを行列で表すと

10.3 対称操作と表現行列　　183

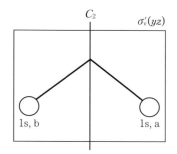

図 10.9 H$_2$O 分子を構成する二つの水素の 1s 軌道

$$\hat{C}_2 \begin{pmatrix} \psi_a \\ \psi_b \end{pmatrix} = \begin{pmatrix} 0 & 1 \\ 1 & 0 \end{pmatrix} \begin{pmatrix} \psi_a \\ \psi_b \end{pmatrix} \tag{10.10}$$

となる。他の対称操作に対しても表現行列を作ると，つぎのような表現行列の集まりができる。

$$\begin{array}{ccccc} & E & C_2 & \sigma_v(xz) & \sigma_v'(yz) \\ \Gamma_5 & \begin{pmatrix} 1 & 0 \\ 0 & 1 \end{pmatrix} & \begin{pmatrix} 0 & 1 \\ 1 & 0 \end{pmatrix} & \begin{pmatrix} 0 & 1 \\ 1 & 0 \end{pmatrix} & \begin{pmatrix} 1 & 0 \\ 0 & 1 \end{pmatrix} \end{array}$$

この表現は対角行列となっていないものがあるが，つぎに述べる数学的な処理によりこれらを対角化することができる。

一般に，ある群の表現行列 A に対して，別の行列 X とその逆行列 X^{-1} を用いて

$$X^{-1}AX = A' \tag{10.11}$$

の演算を行うことで共役の元素が得られる。X は A が属する群の表現行列でなくてもよい。得られた A' は元の A が属する群の表現となる。このことから表現は基底のとり方によって無数に存在することがわかる。

ここで，X と X^{-1} をうまく選ぶと Γ_5 の表現行列を対角行列にすることができる。X と X^{-1} として

$$X = \begin{pmatrix} \frac{1}{\sqrt{2}} & \frac{1}{\sqrt{2}} \\ -\frac{1}{\sqrt{2}} & \frac{1}{\sqrt{2}} \end{pmatrix} \tag{10.12a}$$

184   10. 分子の対称性と分光学

$$X^{-1} = \begin{pmatrix} \dfrac{1}{\sqrt{2}} & -\dfrac{1}{\sqrt{2}} \\ \dfrac{1}{\sqrt{2}} & \dfrac{1}{\sqrt{2}} \end{pmatrix}$$ (10.12b)

を用いると，Γ_5 はつぎのように変換される。

$$\begin{array}{ccccc} & E & C_2 & \sigma_v(xz) & \sigma_v'(yz) \\ \Gamma_5' & \begin{pmatrix} 1 & 0 \\ 0 & 1 \end{pmatrix} & \begin{pmatrix} -1 & 0 \\ 0 & 1 \end{pmatrix} & \begin{pmatrix} -1 & 0 \\ 0 & 1 \end{pmatrix} & \begin{pmatrix} 1 & 0 \\ 0 & 1 \end{pmatrix} \end{array}$$

これは表 10.2 における Γ_2 と Γ_3 から構成されているため，Γ_5' を二つの一次元
の既約表現で表したことになる。このように表現行列を変換して対角化するこ
とを**簡約**といい，行列 Γ_5 は**可約表現**と呼ばれる。既約表現はつねに 1×1 行列
とは限らず，3 回以上の回転軸をもつ点群や対称性の高い点群では 2×2 行列
や 3×3 行列も含まれる。

10.4 指 標 表

　分子の対称性はその分子が属する点群の既約表現の組で表すことができる。
それらの既約表現や指標は指標表にリストされている。**表 10.3** は C_{2v} 点群の
指標表である。

表 10.3　C_{2v} 点群の指標表

C_{2v}	E	C_2	$\sigma_v(xz)$	$\sigma_v'(yz)$	$h = 4$	
A_1	1	1	1	1	z	x^2, y^2, z^2
A_2	1	1	-1	-1	R_z	xy
B_1	1	-1	1	-1	x, R_y	xz
B_2	1	-1	-1	1	y, R_x	yz

　指標表の一番上の行には，左端に点群の種類が，その隣には対称要素が並べ
てある。まずこれで分子のもつ対称要素と，この点群でよいかどうかを確認す
ることができる。二行目以降の一番左の欄には既約表現の記号（A_1, A_2 など）
が示してあり，その隣にはそれぞれの既約表現に対して，対称要素ごとに 1 ま

10.4 指　　標　　表　　*185*

たは－1の値が並んでいる。この値は前節で登場した指標であり，これが1で
あればその対称操作に対して波動関数の符号が変わらない，－1であれば反転
することを表している。指標は表現行列の対角要素の和であり，先に見たよう
に C_{2v} 点群では既約表現の表現行列は一次元で，指標は1と－1の数値になっ
ている（二次以上の既約表現では他の値をとることがある）。

　指標表の右上の欄に $h=4$ と示してあるのは，この点群のもつ対称要素の総
数（これを**位数**という）が4であることを表す。その下に書いてある x, y, z は
この座標軸自体がどの既約表現に含まれるかを示している。10.3節で扱った
ように，x 軸方向のベクトルの指標は E について1，C_2 について－1，$\sigma_v(xz)$
について1，$\sigma_v'(yz)$ について－1であり，これは B_1 対称の既約表現に属する。
また，指標表中の R_x, R_y, R_z はそれぞれの軸まわりの回転を表す。最後の列の
xy, xz などはd軌道を扱う場合やラマン活性などを判定する際に使用される。

　既約表現にはマリケン（Mulliken）によって導入された以下のルールに従っ
て A_1, B_2 など記号をつける。

（1）　1次元表現では，主軸の対称操作に対して対称なものを A，反対称な
　　　ものを B とする。

（2）　主軸に垂直な C_2 軸または主軸を含む σ_v（または σ_d）面がある場合，
　　　これらの対称操作に対して対称（符号が変わらない）であれば1を反
　　　対称（符号が変わる）であれば2を右下につける。

（3）　σ_h がある場合，その対称操作に対して対称であれば $'$ を反対称であれ
　　　ば $''$ を右上に記す。

（4）　対称心 i をもつ場合，反転に対して対称であれば g（*gerade*）を，反
　　　対称であれば u（*ungerade*）を右下に記す。

（5）　二次元，三次元の既約表現にはそれぞれ E, T という記号を用いる。

　すべての対称操作に対して符号を変えない既約表現を**全対称表現**という。
C_{2v} 点群であれば A_1 が全対称である。通常，指標表の一番上に書かれた既約表
現は全対称表現となる。

10.5 分子運動の対称性

ここからは群論を用いて分子運動の対称性を取り扱う。まず，H_2O 分子が運動する際の，三つの原子の変位の表現を考えてみよう。**図 10.10** のように各原子の変位座標をとり，対称操作によってそれぞれの座標軸がどこへ移るかを行列の形で表現する。

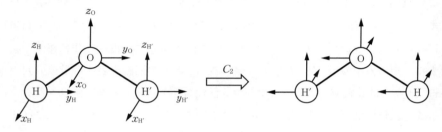

図 10.10 H_2O 分子の各原子の座標と C_2 操作の効果

H_2O 分子は C_{2v} 点群に属し，$E, C_2, \sigma_v(xz)$ および $\sigma_v'(yz)$ の四つの対称要素をもつ。例えば，C_2 の対称操作をすると z_O はそのままであるが，$x_O \to -x_O$，$y_O \to -y_O$ になる。さらに，二つの H 原子は左右逆になり，$x_H \to -x_{H'}$，$y_H \to -y_{H'}$，$z_H \to z_{H'}$ へと移る。つまり，各原子の変位座標が

$$\begin{pmatrix} x_O \\ y_O \\ z_O \\ x_H \\ y_H \\ z_H \\ x_{H'} \\ y_{H'} \\ z_{H'} \end{pmatrix} \xrightarrow{\hat{C}_2} \begin{pmatrix} -x_O \\ -y_O \\ z_O \\ -x_{H'} \\ -y_{H'} \\ z_{H'} \\ -x_H \\ -y_H \\ z_H \end{pmatrix} \qquad (10.13)$$

と変化する。この変化を与える対称操作を表現行列で表すと

10.5　分子運動の対称性　　*187*

$$\Gamma(C_2) = \begin{pmatrix} x_O & y_O & z_O & x_H & y_H & z_H & x_{H'} & y_{H'} & z_{H'} \\ -1 & 0 & 0 & 0 & 0 & 0 & 0 & 0 & 0 \\ 0 & -1 & 0 & 0 & 0 & 0 & 0 & 0 & 0 \\ 0 & 0 & 1 & 0 & 0 & 0 & 0 & 0 & 0 \\ 0 & 0 & 0 & 0 & 0 & 0 & -1 & 0 & 0 \\ 0 & 0 & 0 & 0 & 0 & 0 & 0 & -1 & 0 \\ 0 & 0 & 0 & 0 & 0 & 0 & 0 & 0 & 1 \\ 0 & 0 & 0 & -1 & 0 & 0 & 0 & 0 & 0 \\ 0 & 0 & 0 & 0 & -1 & 0 & 0 & 0 & 0 \\ 0 & 0 & 0 & 0 & 0 & 1 & 0 & 0 & 0 \end{pmatrix} \tag{10.14}$$

となる。これを他の対称要素についても行うと各原子の変位の可約表現が完成する（演習問題 10.4）。それら表現行列の対角要素の和をとることで指標が $\chi(E) = 9, \chi(C_2) = -1, \chi(\sigma_v(xz)) = 1, \chi(\sigma_v'(yz)) = 3$ と求まる。

　さて，非直線分子の分子骨格の運動は，三つの軸方向の並進，三つ軸まわりの回転，それぞれの基準振動に分けられる。三原子分子であればその自由度の総数は 9 であり，各運動は必ずどれかの既約表現に属している。変位座標を基底にして作った可約表現を既約表現に簡約することで，各運動がどの既約表現に属するかを知ることができる。可約表現を簡約するために，その中に含まれる既約表現の数を求めよう。可約表現 Γ に含まれる j という既約表現の数 $n(j)$ は公式

$$n(j) = \frac{1}{h} \sum_R \chi_j(R) \chi_\Gamma(R) \tag{10.15}$$

から求めることができる。ここで h はその点群の位数，$\chi_j(R)$ は既約表現 j の指標，$\chi_\Gamma(R)$ は可約表現の指標である。C_{2v} 点群の位数や属する既約表現の指標は指標表にまとめられている。各原子の変位座標を基底にとった可約表現に既約表現 A_1 が含まれる数は

$$n(A_1) = \frac{1}{4} \times \left\{ \chi_{A_1}(E)\chi_\Gamma(E) + \chi_{A_1}(C_2)\chi_\Gamma(C_2) + \chi_{A_1}(\sigma_v)\chi_\Gamma(\sigma_v) + \chi_{A_1}(\sigma_v')\chi_\Gamma(\sigma_v') \right\}$$

$$= \frac{1}{4} \times \left\{ 1 \times 9 + 1 \times (-1) + 1 \times 1 + 1 \times 3 \right\} = 3 \tag{10.16}$$

と求めることができる。同様に

$$n(A_2) = \frac{1}{4} \times \left\{ 1 \times 9 + 1 \times (-1) + (-1) \times 1 + (-1) \times 3 \right\} = 1 \tag{10.17}$$

188   10. 分子の対称性と分光学

$$n(B_1) = \frac{1}{4} \times \{1 \times 9 + (-1) \times (-1) + 1 \times 1 + (-1) \times 3\} = 2 \qquad (10.18)$$

$$n(B_2) = \frac{1}{4} \times \{1 \times 9 + (-1) \times (-1) + (-1) \times 1 + 1 \times 3\} = 3 \qquad (10.19)$$

となるから結局，可約表現 Γ は

$$\Gamma = 3A_1 + A_2 + 2B_1 + 3B_2 \qquad (10.20)$$

と簡約される。これは全運動の自由度9のうち（つまり，九つの分子運動のうち），A_1 に属する運動が三つ，A_2 に属する運動が一つ，B_1 に属する運動が二つ，B_2 に属する運動が三つであるということを表している。

　つぎに，各分子運動がどの既約表現に属するかを考えていこう。並進運動は質量中心の座標が三次元的に変化をする運動である。したがって，三軸方向の並進運動は 10.3 節で扱った x, y, z 軸に沿ったベクトルと同じ既約表現に属する。x 軸方向への並進運動は B_1，y 方向は B_2，z 軸方向は A_1 の対称性をもつ。また，10.3 節で扱ったように，z 軸まわりの回転は A_2 対称である。その他の軸まわりの回転も同様に考えれば x 軸まわりの回転は B_2，y 軸まわりの回転は B_1 の既約表現に属する（演習問題 10.5）。これら並進と回転運動を除くと，H_2O 分子は A_1 対称の振動運動を二つ，B_2 対称の振動運動を一つもつことがわかる。

　H_2O 分子の基準振動は 7.6 節で説明したとおり，対称伸縮振動，変角振動，逆対称伸縮振動の3種類である。これらの基準振動がどの既約表現に属するかを考えよう。**表 10.4** に H_2O 分子の各基準振動に対して対称操作を施した際の影響を示した。対称伸縮振動および変角振動はすべての対称操作の影響を受けないため，これらの基準振動は A_1 対称性である。一方，逆対称伸縮振動は C_2 および $\sigma_v(xz)$ 操作で反転するため B_2 対称性の振動である。

　表 10.4 に示されているように，多原子分子の基準振動には $\nu_1, \nu_2, \nu_3, \cdots$ と番号をつけて区別する。その順番づけに対しては，多くの場合つぎの規則が用いられている。

（1）　指標表に並んでいる既約表現の順に番号をつける。

表10.4 H_2O 分子の振動運動に対する対称操作の効果

	E	C_2	$\sigma_v(xz)$	$\sigma_v'(yz)$	既約表現
対称伸縮 ν_1	+1	+1	+1	+1	A_1
変角 ν_2	+1	+1	+1	+1	A_1
逆対称伸縮 ν_3	+1	−1	−1	+1	B_2

（2） 同じ既約表現の振動に対して，そのエネルギーの大きい順に番号をつける。

H_2O 分子の対称伸縮振動と変角振動はともに A_1 対称性であるが，エネルギーの大きい対称伸縮振動を ν_1，変角振動を ν_2 と番号づけする。逆対称伸縮振動は B_1 対称性であるため ν_3 が割り当てられる。これらはすべて分子面内での原子核の動きであり，H_2O 分子は面外振動（A_2, B_1）をもたない。

10.6 遷 移 選 択 律

これまでの章で度々とり上げてきたように，光学遷移が起こるかどうかを判定するためには遷移双極子モーメント

$$\mu_{trs} = \int \psi_{fin}^* \mu \psi_{ini} \, d\tau \tag{10.21}$$

が0であるかどうかを考えればよい。本節では，この遷移双極子モーメントの積分を対称性の観点から考察する。一変数関数において，奇関数を原点対称な領域で積分するとその値は0になる。つまり，式（10.21）の積分が0でない値をもつためには，被積分関数が偶関数，つまり全対称表現に属していなければ

190　　　10.　分子の対称性と分光学

ならない。

　ここからは多原子分子の赤外吸収の対称性に関する遷移選択律を考えよう。赤外吸収は原子核の運動の変化に対応するものであり，それを引き起こすのは分子自体がもつ双極子モーメントである。これが赤外光の電場によって揺さぶられ，光子のエネルギーが固有振動数と共鳴した場合に吸収が起こる。分子のもつ双極子モーメントは

$$\boldsymbol{\mu} = q\boldsymbol{r} \tag{10.22}$$

と表されるベクトル量である。ここで $\boldsymbol{r}$ は位置ベクトルであり，この中身は x, y, z 方向のベクトルである。

　7.6 節で説明したように，多原子分子の振動波動関数 Ψ_{vib} は各基準振動の波動関数の積

$$\Psi_{\text{vib}} = \psi_{v_1}(Q_1)\psi_{v_2}(Q_2)\cdots\psi_{v_k}(Q_k) \tag{10.23}$$

と書ける。ここで k は基準振動の数（$3N-5$ または $3N-6$）である。各振動運動の振動基底状態（$v=0$）の波動関数は調和振動子近似のもとでは

$$\psi_0(Q_j) = N_{0,j}e^{-\alpha_j Q_j^2} \tag{10.24}$$

と書け（4 章参照），これは全対称である。したがって，基音吸収を考える上で，始状態の振動波動関数は N を規格化定数として

$$\Psi_{\text{ground}} = \psi_0(Q_1)\psi_0(Q_2)\cdots\psi_0(Q_k) = Ne^{-(\alpha_1 Q_1^2 + \alpha_2 Q_2^2 + \cdots \alpha_k Q_k^2)} \tag{10.25}$$

となり，この波動関数もまた全対称である。いま，電磁波が吸収されて，i 番目の基準振動だけが $v_i=1$ に励起された場合を考えよう。終状態の振動波動関数は

$$\begin{aligned}\Psi_{\text{excited}} &= \psi_0(Q_1)\psi_0(Q_2)\cdots\psi_1(Q_i)\cdots\psi_0(Q_k) \\ &= N'Q_i e^{-(\alpha_1 Q_1^2 + \alpha_2 Q_2^2 + \cdots \alpha_i Q_i^2 \cdots + \alpha_k Q_k^2)}\end{aligned} \tag{10.26}$$

と表される（N' は規格化定数）。この遷移が許容となるためには，式 (10.21) で表される遷移双極子モーメントが 0 でない値をもつこと，つまり，式 (10.21) における被積分関数が全対称でなければならない。したがって，始状態および終状態の波動関数の既約表現を $\Gamma(\Psi_{\text{ground}})$ および $\Gamma(\Psi_{\text{excited}})$，双極子モーメントの既約表現を $\Gamma(\mu)$ とすると，これらの**直積**

$$\Gamma(\Psi_{\text{excited}}) \times \Gamma(\mu) \times \Gamma(\Psi_{\text{ground}}) \qquad (10.27)$$

が全対称である必要がある。

ここで，C_{2v} 点群を例に，既約表現の直積を考えてみよう。例えば，A_1 と A_2 の直積を計算するためには，**表 10.5** のように各対称要素に関する指標の積をとればよい。直積 $A_1 \times A_2$ の指標を見てみると，これは A_2 の指標と一致している。したがって，$A_1 \times A_2 = A_2$ である。すべての既約表現の組合せについて直積の結果をまとめたのが**表 10.6** である。

表 10.5 C_{2v} 点群における A_1 と A_2 の直積

C_{2v}	E	C_2	$\sigma_v(xz)$	$\sigma_v'(yz)$
A_1	1	1	1	1
A_2	1	1	-1	-1
$A_1 \times A_2$	$(1)\times(1)=1$	$(1)\times(1)=1$	$(1)\times(-1)=-1$	$(1)\times(-1)=-1$

表 10.6 C_{2v} 点群における既約表現の直積表

C_{2v}	A_1	A_2	B_1	B_2
A_1	A_1	A_2	B_1	B_2
A_2	A_2	A_1	B_2	B_1
B_1	B_1	B_2	A_1	A_2
B_2	B_2	B_1	A_2	A_1

C_{2v} 点群においては全対称表現は A_1 であるから，$\Gamma(\Psi_{\text{ground}})$ は A_1 である。つまり，式 (10.27) で表される直積が A_1 になるためには

$$\Gamma(\Psi_{\text{excited}}) \times \Gamma(\mu) = A_1 \qquad (10.28)$$

となる必要がある。双極子モーメントの x, y, z 成分は各座標軸と同じ既約表現に属するから，したがって $v=1$ の既約表現が x, y, z のどれかと同じになれば赤外吸収が起こる。多原子分子は $3N-5$ または $3N-5$ 個の基準振動をもつが，そのうち，指標表に x, y, z が載っている既約表現の基準振動が赤外活性である。

ここまでは分子振動の対称性の観点から遷移選択律を議論してきた。この議論は電子遷移にも適用できる。ここではエチレン分子の π 電子が関わる電子

遷移に対称性の議論を適用しよう。エチレンは **D_{2h} 点群** に属し，その指標表および直積表は**表** 10.7，**表** 10.8 に示してある。

図 10.11 のような座標軸をとると π 軌道の既約表現は b_{1u} になる[†]。エチレンの基底状態では結合性 π 軌道 b_{1u} に電子が 2 個入る。全 π 電子波動関数は各電子の波動関数の積で書けるから，基底状態の波動関数は $b_{1u} \times b_{1u} = A_g$ の全対

表 10.7　D_{2h} 点群の指標表

D_{2h}	E	$C_2(z)$	$C_2(y)$	$C_2(x)$	i	$\sigma(xy)$	$\sigma(xz)$	$\sigma(yz)$	$h=8$	
A_g	1	1	1	1	1	1	1	1		x^2, y^2, z^2
B_{1g}	1	1	-1	-1	1	1	-1	-1	R_z	xy
B_{2g}	1	-1	1	-1	1	-1	1	-1	R_y	xz
B_{3g}	1	-1	-1	1	1	-1	-1	1	R_x	yz
A_u	1	1	1	1	-1	-1	-1	-1		
B_{1u}	1	1	-1	-1	-1	-1	1	1	z	
B_{2u}	1	-1	1	-1	-1	1	-1	1	y	
B_{3u}	1	-1	-1	1	-1	1	1	-1	x	

表 10.8　C_{2h} 点群における既約表現の直積表

D_{2h}	A	B_1	B_2	B_3
A	A	B_1	B_2	B_3
B_1	B_1	A	B_3	B_2
B_2	B_2	B_3	A	B_1
B_3	B_3	B_2	B_1	A

g×g=g, g×u=u, u×u=g

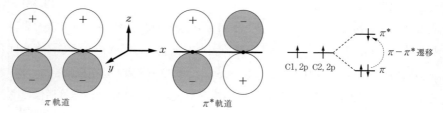

図 10.11　エチレン分子の結合性 π 軌道および反結合性 π^* 軌道と π 電子の電子配置

[†] 既約表現は本来大文字で表記するべきであるが，分光学の慣習では軌道の既約表現は a_1, a_2 のように小文字で表記する（図 3.33 も参照のこと）。本書ではこの慣習に倣い，エチレン分子の π 軌道および π^* 軌道の既約表現を b_{1u}, b_{2g} と表記する。

称既約表現に属する。このとき，電子スピンは反平行で一重項状態（Singlet）になっていて，その中で最もエネルギーの低い状態という意味で S_0 ^1A_g 状態という。ここで，右肩の 1 は一重項状態であることを示している。光による電子遷移では電子スピンの状態を変えることはできないから，この基底状態から到達できるのは同じ一重項状態だけである。その中で最もエネルギーの低いのは HOMO 軌道（π 軌道）から LUMO 軌道（π^* 軌道）への一電子遷移（π-π^* 遷移）であり，π^* 軌道の既約表現は b_{2g} である。π-π^* 遷移の励起状態は $(\pi)^1(\pi^*)^1$ という電子配置であり，その既約表現は二つの不対電子が占有する軌道の既約表現の直積

$$\Gamma(\psi_{\pi^*}) \times \Gamma(\psi_\pi) = b_{2g} \times b_{1u} = B_{3u} \qquad (10.29)$$

で表される。この電子励起状態を S_1 $^1B_{3u}$ 状態という。エチレンの π-π^* 遷移においては $\Gamma(\mu) = B_{3u}$ の場合にのみ遷移双極子モーメントは 0 でない値をもつ。したがって，エチレンの π-π^* 遷移の遷移双極子モーメントは x 軸，すなわち分子の長軸方向を向いている。

演 習 問 題

問題 10.1 クロロメタン CH_3Cl，メタン CH_4，重水素化メタン CH_2D_2 のもつ対称要素を図示せよ。

問題 10.2 ベンゼン C_6H_6 が表 10.1 に示す対称要素をもつことを確認せよ。

問題 10.3 図 10.6 に示されるフローチャートを利用して，塩化ホルミル HCOCl，*trans*-1, 2-ジクロロエチレン CHCl＝CHCl，アレン CH_2＝C＝CH_2 の属する点群を決定せよ。

問題 10.4 図 10.10 のように H_2O 分子の各原子の座標を基底にとった場合の $\sigma_v(xz)$ および $\sigma_v'(yz)$ の表現行列を求めよ。また，それらの指標を求めよ。

問題 10.5 図 10.8 を参考にして，C_{2v} 点群において x 軸まわりの回転が B_2，y 軸まわりの回転が B_1 の既約表現に属することを示せ。

付　　　録

A　エルミート多項式の性質

4.4 節で扱ったように，調和振動子の波動関数は，規格化定数を N_v とすると

$$\psi_v(x) = N_v H_v(\alpha^{1/2}x) \exp\left(-\frac{\alpha x^2}{2}\right) \tag{A.1}$$

と表される。ここで $\alpha = \sqrt{k_{\mathrm{f}}\mu}/\hbar$ である。$H_v(\alpha^{1/2}x)$ はエルミート多項式と呼ばれ，微分方程式

$$\left(\frac{\mathrm{d}^2}{\mathrm{d}y^2} - 2y\frac{\mathrm{d}}{\mathrm{d}y} + 2v\right)H_v(y) = 0 \tag{A.2}$$

を満たす多項式である。エルミート多項式は $\exp(-y^2)$ を重み関数として，つぎの直交性を満たす。

$$\int_{-\infty}^{+\infty} H_v(y)H_{v'}(y)\mathrm{e}^{-y^2}\mathrm{d}y = \sqrt{\pi}2^v v!\delta_{v',v''} \tag{A.3}$$

ここで $\delta_{v',v''}$ はクロネッカーのデルタであり，v' と v'' が等しい場合には 1，異なる場合には 0 である。したがって，規格化定数まで含めた，調和振動子の完全な波動関数は

$$\psi_v(x) = \frac{1}{(2^v v!)^{1/2}}\left(\frac{\alpha}{\pi}\right)^{1/4} H_v(\alpha^{1/2}x) \exp\left(-\frac{\alpha x^2}{2}\right) \tag{A.4}$$

となる。

エルミート多項式は以下のロドリゲス（Rodrigues）の公式と呼ばれる簡単な一般式を用いて導出することができる（具体的な式は表 4.1 を参照）。

$$H_v(y) = (-1)^v \exp(y^2)\frac{\mathrm{d}^v}{\mathrm{d}y^v}\exp(-y^2) \tag{A.5}$$

また，式 (A.5) より

$$\frac{\mathrm{d}}{\mathrm{d}y}H_v(y) = (-1)^v 2y\exp(y^2)\frac{\mathrm{d}^v}{\mathrm{d}y^v}\exp(-y^2) + (-1)^v \exp(y^2)\frac{\mathrm{d}^{v+1}}{\mathrm{d}y^{v+1}}\exp(-y^2)$$

$$= 2yH_v(y) - H_{v+1}(y) \tag{A.6}$$

$$\frac{\mathrm{d}^2}{\mathrm{d}y^2}H_v(y) = 2H_v(y) + 2y\{2yH_v(y) - H_{v+1}(y)\} - \{2yH_{v+1}(y) - H_{v+2}(y)\}$$

$$= 2(1 + 2y^2)H_v(y) - 4yH_{v+1}(y) + H_{v+2}(y) \tag{A.7}$$

が得られる。これらを式 (A.2) に代入することで，つぎのようなエルミート多項式の漸化式を導出することができる。

$$H_{v+2}(y) - 2yH_{v+1}(y) + 2(v+1)H_v(y) = 0 \tag{A.8}$$

あるいは v を $v-1$ に置き換えて

$$H_{v+1}(y) - 2yH_v(y) + 2vH_{v-1}(y) = 0 \tag{A.9}$$

が得られる。

B　剛体回転子の波動関数の特徴

剛体回転子の量子力学的ハミルトニアンは

$$\hat{H} = -\frac{\hbar^2}{2\mu}\nabla^2 \tag{B.1}$$

である。ここで

$$\nabla^2 = \frac{\partial^2}{\partial x^2} + \frac{\partial^2}{\partial y^2} + \frac{\partial^2}{\partial z^2} \tag{B.2}$$

は座標に関する二階偏微分演算子であり，ラプラシアンと呼ばれる。半径が r_e で一定の剛体の回転運動を表す上で，直交座標系を用いるよりも球面極座標系を用いるほうが便利である。この球面極座標では図 **B.1** に示すように，座標 (x, y, z) を原点からの距離 r，極角 θ，方位角 ϕ で表現する。ここで，二つの角度の範囲は $0 \le \theta \le \pi$ および $0 \le \phi \le 2\pi$ である。図から理解できるように，直交座標と球面極座標には

$$x = r\sin\theta\cos\phi \tag{B.3a}$$

$$y = r\sin\theta\sin\phi \tag{B.3b}$$

$$z = r\cos\theta \tag{B.3c}$$

$$r^2 = x^2 + y^2 + z^2 \tag{B.3d}$$

$$\tan\theta = \pm\frac{\sqrt{x^2+y^2}}{z} \tag{B.3e}$$

$$\tan\phi = \frac{y}{x} \tag{B.3f}$$

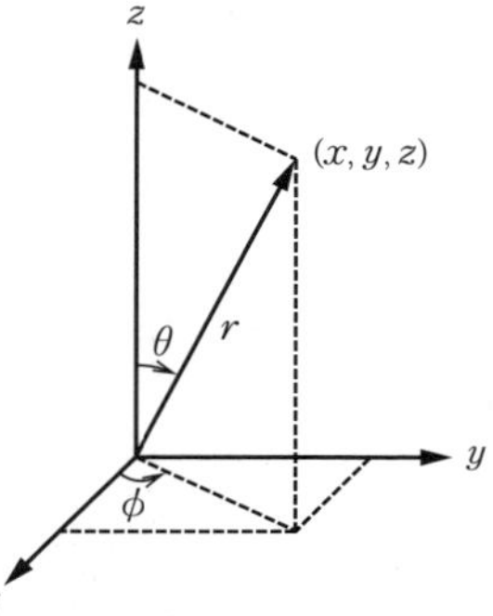

図 B.1　球面極座標系

の関係がある。

　式 (B.2) で表されるラプラシアンを球面極座標で表現しよう。x に関する偏微分は

$$\frac{\partial}{\partial x} = \frac{\partial r}{\partial x}\frac{\partial}{\partial r} + \frac{\partial\theta}{\partial x}\frac{\partial}{\partial\theta} + \frac{\partial\phi}{\partial x}\frac{\partial}{\partial\phi} \tag{B.4}$$

と書くことができる。y に関する偏微分や z に関する偏微分も同様である。したがって $\partial r/\partial x$ などが求まれば，偏微分演算子 $\partial/\partial x$ などを求めることができる。式 (B.3d) の両辺を x で偏微分すると

$$左辺：\frac{\partial(r^2)}{\partial x} = \frac{\partial(r^2)}{\partial r}\frac{\partial r}{\partial x} = 2r\frac{\partial r}{\partial x} \tag{B.5a}$$

$$右辺：2x \tag{B.5b}$$

196 付　　　　　　　　録

であるから

$$\frac{\partial r}{\partial x} = \frac{x}{r} = \sin\theta\cos\phi \tag{B.6}$$

となる。θ, ϕ に関しても同様な演算を行うことで

$$\frac{\partial \theta}{\partial x} = \frac{\cos\theta\cos\phi}{r} \tag{B.7}$$

$$\frac{\partial \phi}{\partial x} = -\frac{\sin\phi}{r\sin\theta} \tag{B.8}$$

となるため

$$\frac{\partial}{\partial x} = \sin\theta\cos\phi\frac{\partial}{\partial r} + \frac{\cos\theta\cos\phi}{r}\frac{\partial}{\partial\theta} - \frac{\sin\phi}{r\sin\theta}\frac{\partial}{\partial\phi} \tag{B.9}$$

を得る。同様にして

$$\frac{\partial}{\partial y} = \sin\theta\cos\phi\frac{\partial}{\partial r} + \frac{\cos\theta\sin\phi}{r}\frac{\partial}{\partial\theta} - \frac{\cos\phi}{r\sin\theta}\frac{\partial}{\partial\phi} \tag{B.10}$$

$$\frac{\partial}{\partial z} = \cos\theta\frac{\partial}{\partial r} - \frac{\sin\theta}{r}\frac{\partial}{\partial\theta} \tag{B.11}$$

のように，偏微分演算子を球面極座標で表現することができる。各偏微分演算子の2乗を丁寧に計算することで，ラプラシアンの球面極座標表示

$$\nabla^2 = \frac{1}{r^2}\frac{\partial}{\partial r}\left(r^2\frac{\partial}{\partial r}\right) + \frac{1}{r^2\sin\theta}\frac{\partial}{\partial\theta}\left(\sin\theta\frac{\partial}{\partial\theta}\right) + \frac{1}{r^2\sin^2\theta}\frac{\partial^2}{\partial\phi^2} \tag{B.12}$$

が得られる。

　剛体回転子モデルでは $r = r_e$ の一定の核間距離をもつ分子の回転を考える。この場合，r は変数でないから式 (B.9) 中の r の微分に関する項は無視することができる。つまり，ハミルトニアンは

$$\begin{aligned}\hat{H} &= -\frac{\hbar^2}{2\mu r_e^2}\left\{\frac{1}{\sin\theta}\frac{\partial}{\partial\theta}\left(\sin\theta\frac{\partial}{\partial\theta}\right) + \frac{1}{\sin^2\theta}\frac{\partial^2}{\partial\phi^2}\right\} \\ &= -\frac{\hbar^2}{2I}\left\{\frac{1}{\sin\theta}\frac{\partial}{\partial\theta}\left(\sin\theta\frac{\partial}{\partial\theta}\right) + \frac{1}{\sin^2\theta}\frac{\partial^2}{\partial\phi^2}\right\}\end{aligned} \tag{B.13}$$

と書くことができる。

　さて，式 (B.13) を解き固有関数と固有値を求めていこう。回転波動関数を $Y(\theta, \phi)$ とするとシュレディンガー方程式は

$$-\frac{\hbar^2}{2I}\left\{\frac{1}{\sin\theta}\frac{\partial}{\partial\theta}\left(\sin\theta\frac{\partial}{\partial\theta}\right) + \frac{1}{\sin^2\theta}\frac{\partial^2}{\partial\phi^2}\right\}Y(\theta, \phi) = EY(\theta, \phi) \tag{B.14}$$

と書ける。ここで式を簡単にするために $\beta = 2IE/\hbar^2$ とおき，両辺に $\sin^2\theta$ をかけると

$$\left\{\sin\theta\frac{\partial}{\partial\theta}\left(\sin\theta\frac{\partial}{\partial\theta}\right) + \frac{\partial^2}{\partial\phi^2} + \beta\sin^2\theta\right\}Y(\theta, \phi) = 0 \tag{B.15}$$

となる。$Y(\theta, \phi)$ が θ のみに依存する関数 $\Theta(\theta)$ と，ϕ のみに依存する関数 $\Phi(\phi)$ の積で表されるとする。つまり

B　剛体回転子の波動関数の特徴　197

$$Y(\theta, \phi) = \Theta(\theta)\Phi(\phi) \tag{B.16}$$

とおいて変数分離すると

$$\frac{\sin\theta}{\Theta(\theta)}\frac{\mathrm{d}}{\mathrm{d}\theta}\left(\sin\theta\frac{\mathrm{d}}{\mathrm{d}\theta}\right)\Theta(\theta) + \beta\sin^2\theta + \frac{1}{\Phi(\phi)}\frac{\mathrm{d}^2}{\mathrm{d}\phi^2}\Phi(\phi) = 0 \tag{B.17}$$

が得られる。ここで，上式が成り立つためには

$$\frac{\sin\theta}{\Theta(\theta)}\frac{\mathrm{d}}{\mathrm{d}\theta}\left(\sin\theta\frac{\mathrm{d}}{\mathrm{d}\theta}\right)\Theta(\theta) + \beta\sin^2\theta = M^2 \tag{B.18a}$$

$$\frac{1}{\Phi(\phi)}\frac{\mathrm{d}^2}{\mathrm{d}\phi^2}\Phi(\phi) = -M^2 \tag{B.18b}$$

がそれぞれ成立しなければならない。ここで M は定数である。

式 (B.18b) は簡単に解くことができて，その解は

$$\Phi(\phi) = A\mathrm{e}^{iM\phi}, \quad \Phi(\phi) = A\mathrm{e}^{-iM\phi} \tag{B.19}$$

となる。ϕ と $\phi+2\pi$ で波動関数 $\Phi(\phi)$ は同じ値をもたなければならないから（周期的境界条件），$\Phi(\phi)$ の満たすべき条件は

$$\Phi(\phi + 2\pi) = \Phi(\phi) \tag{B.20}$$

である。これより

$$A\mathrm{e}^{iM(\phi + 2\pi)} = A\mathrm{e}^{iM\phi} \tag{B.21a}$$

$$A\mathrm{e}^{-iM(\phi + 2\pi)} = A\mathrm{e}^{-iM\phi} \tag{B.21b}$$

であることが必要である。つまり

$$\mathrm{e}^{\pm 2\pi M} = 1 \tag{B.22}$$

となるから，M のとり得る値として

$$M = 0, \pm 1, \pm 2, \cdots \tag{B.23}$$

が得られる。また，規格化条件から

$$\int_0^{2\pi}\Phi^*(\phi)\Phi(\phi)\mathrm{d}\phi = |A|^2\int_0^{2\pi}\mathrm{e}^{-iM\phi}\mathrm{e}^{iM\phi}\mathrm{d}\phi = |A|^2\int_0^{2\pi}\mathrm{d}\phi = 1 \tag{B.24}$$

つまり

$$A = \frac{1}{\sqrt{2\pi}} \tag{B.25}$$

である。以上をまとめると，角度 ϕ に関する波動関数は量子数 M に依存して

$$\Phi_M(\phi) = \frac{1}{\sqrt{2\pi}}\mathrm{e}^{iM\phi}, \quad M = 0, \pm 1, \pm 2, \cdots \tag{B.26}$$

で与えられる。

つぎに θ についての方程式

$$\begin{aligned}
\sin\theta\frac{\mathrm{d}}{\mathrm{d}\theta}&\left(\sin\theta\frac{\mathrm{d}}{\mathrm{d}\theta}\right)\Theta(\theta) + (\beta\sin^2\theta - M^2)\Theta(\theta) \\
&= \sin^2\theta\frac{\mathrm{d}^2}{\mathrm{d}\theta^2}\Theta(\theta) + \sin\theta\cos\theta\frac{\mathrm{d}}{\mathrm{d}\theta}\Theta(\theta) + (\beta\sin^2\theta - M^2)\Theta(\theta) \\
&= 0
\end{aligned} \tag{B.27}$$

を考えよう。簡単のために $\chi = \cos\theta$ および $P(\chi) = \Theta(\theta)$ とおけば

$$\frac{\mathrm{d}}{\mathrm{d}\theta} = \frac{\mathrm{d}\chi}{\mathrm{d}\theta}\frac{\mathrm{d}}{\mathrm{d}\chi} = -\sin\theta\frac{\mathrm{d}}{\mathrm{d}\chi} \tag{B.28a}$$

$$\frac{\mathrm{d}^2}{\mathrm{d}\theta^2} = \frac{\mathrm{d}}{\mathrm{d}\theta}\left(-\sin\theta\frac{\mathrm{d}}{\mathrm{d}\chi}\right) = -\cos\theta\frac{\mathrm{d}}{\mathrm{d}\chi} - \sin\theta\frac{\mathrm{d}}{\mathrm{d}\theta}\frac{\mathrm{d}}{\mathrm{d}\chi} = -\cos\theta\frac{\mathrm{d}}{\mathrm{d}\chi} + \sin^2\theta\frac{\mathrm{d}^2}{\mathrm{d}\chi^2} \tag{B.28b}$$

であるから，式 (B.27) は

$$\sin^4\theta\frac{\mathrm{d}^2}{\mathrm{d}\chi^2}\Theta(\theta) - 2\sin^2\theta\cos\theta\frac{\mathrm{d}}{\mathrm{d}\chi}\Theta(\theta) + (\beta\sin^2\theta - M^2)\Theta(\theta) = 0 \tag{B.29}$$

となり

$$(1-\chi^2)\frac{\mathrm{d}^2}{\mathrm{d}\chi^2}P(\chi) - 2\chi\frac{\mathrm{d}}{\mathrm{d}\chi}P(\chi) + \left(\beta - \frac{M^2}{1-\chi^2}\right)P(\chi) = 0 \tag{B.30}$$

が得られる。まず，式 (B.30) に関して $M = 0$ の場合を考えよう。このとき

$$(1-\chi^2)\frac{\mathrm{d}^2}{\mathrm{d}\chi^2}P(\chi) - 2\chi\frac{\mathrm{d}}{\mathrm{d}\chi}P(\chi) + \beta P(\chi) = 0 \tag{B.31}$$

である。ここで $\beta = J(J+1)$ の場合，この方程式をルジャンドルの方程式という。この解はルジャンドル多項式といい，ロドリゲスの公式

$$P_J(\chi) = \frac{1}{2^J J!}\frac{\mathrm{d}^J}{\mathrm{d}\chi^J}(\chi^2-1)^J \tag{B.32}$$

から求めることができる。いくつかのルジャンドル多項式を**表 B.1** に示す。ただし，J は整数である。

式 (B.30) において，$M \neq 0$ の場合の解は $P_J(\chi)$ を用いて

$$P_J^{|M|}(\chi) = (1-\chi^2)^{|M|/2}\frac{\mathrm{d}^{|M|}}{\mathrm{d}\chi^{|M|}}P_J(\chi) \tag{B.33}$$

を用いて計算することができる（これもロドリゲスの公式と呼ばれる）。$P_J^{|M|}(\chi)$ は J と M に依存し，$|M| \leq J$ である。この関数をルジャンドル陪多項式という。**表 B.2**

表 B.1 いくつかのルジャンドル多項式

$P_0(\chi) = 1$
$P_1(\chi) = \chi$
$P_2(\chi) = \dfrac{1}{2}(3\chi^2 - 1)$
$P_3(\chi) = \dfrac{1}{2}(5\chi^2 - 3\chi)$
$P_4(\chi) = \dfrac{1}{8}(35\chi^4 - 30\chi^2 + 3)$
$P_5(\chi) = \dfrac{1}{8}(63\chi^5 - 70\chi^3 + 15\chi)$

表 B.2 いくつかのルジャンドル陪多項式

$P_0^0(\chi) = 1$
$P_1^0(\chi) = \chi$
$P_1^1(\chi) = \sqrt{1-\chi^2}$
$P_2^0(\chi) = \dfrac{1}{2}(3\chi^2 - 1)$
$P_2^1(\chi) = 3\chi\sqrt{1-\chi^2}$
$P_2^2(\chi) = 3(1-\chi^2)$

にはいくつかのルジャンドル陪多項式を示した。証明は省略するが，ルジャンドル陪多項式はつぎの漸化式に従う。

$$(2J+1)\chi P_J^{|M|}(\chi) = (J-|M|+1)P_{J+1}^{|M|}(\chi) + (J+|M|)P_{J-1}^{|M|}(\chi) \tag{B.34}$$

また，ルジャンドル陪多項式はつぎのような関係式を満たす。

$$\int_{-1}^{+1} P_J^{|M|}(\chi)P_{J'}^{|M|}(\chi)\mathrm{d}\chi = \int_0^{\pi} P_J^{|M|}(\cos\theta)P_{J'}^{|M|}(\cos\theta)\sin\theta\,\mathrm{d}\theta$$

$$= \frac{2}{2J+1}\frac{(J+|M|)!}{(J-|M|)!}\delta_{J,J'} \tag{B.35}$$

したがって，θ に依存する関数 $\Theta(\theta)$ は規格化定数を含めて次式で与えられる。

$$\Theta_{J,M}(\theta) = \sqrt{\frac{2J+1}{2}\frac{(J-|M|)!}{(J+|M|)!}}\,P_J^{|M|}(\cos\theta) \tag{B.36}$$

剛体回転子の波動関数は式 (B.26) と式 (B.36) の積で

$$Y_{J,M}(\theta,\phi) = \mathrm{i}^{M+|M|}\sqrt{\frac{2J+1}{2}\frac{(J-|M|)!}{(J+|M|)!}}\,P_J^{|M|}(\cos\theta)\mathrm{e}^{iM\phi} \tag{B.37}$$

で表される。ここで，コンドン–ショートレイ（Condon-Shortley）の位相のとり方を採用するために $\mathrm{i}^{M+|M|}$ を付け加えた。この波動関数 $Y_{J,M}(\theta,\phi)$ を球面調和関数という。また，球面調和関数は規格化直交系を形成する。すなわち

$$\int_0^{\pi}\int_0^{2\pi} Y_{J,M}^*(\theta,\phi)Y_{J',M'}(\theta,\phi)\sin\,\mathrm{d}\theta\,\mathrm{d}\phi = \delta_{J,J'}\delta_{M,M'} \tag{B.38}$$

が成立する。

式 (B.37) からわかるように，球面調和関数は二つの量子数 J および M に依存する。したがって，回転状態はこれら二つの量子数で規定される。$|M| \leqq J$ であるから，これら量子数のとり得る値は

$$J = 0, 1, 2, \cdots \tag{B.39a}$$

$$M = 0, \pm 1, \pm 2, \cdots, \pm J \tag{B.39b}$$

となる。いくつかの具体的な球面調和関数の関数系は表 3.2 に示されている。

最後に，剛体回転子の量子力学的エネルギーを求めよう。

$$\beta = \frac{2IE}{\hbar^2} = J(J+1) \tag{B.40}$$

であったから

$$E_J = \frac{\hbar^2}{2I}J(J+1), \quad J = 0, 1, 2, \cdots \tag{B.41}$$

となる。回転エネルギーは J のみに依存することに注意されたい。つまり，M の値に関して縮退している。例えば $J=1$ の場合，$M=0, \pm 1$ の三つの量子状態は同一のエネルギーをもつ異なる量子状態である。回転量子状態の縮退度 g_J は

$$g_J = 2J+1 \tag{B.42}$$

で与えられる。

C 角運動量の量子論

粒子が原点から r だけ離れた位置で運動量 p をもつ場合，その粒子の角運動量 J は

$$J = r \times p \tag{C.1}$$

で定義される。このベクトルの外積は行列式を用いて

$$J = \begin{vmatrix} i & j & k \\ x & y & z \\ p_x & p_y & p_z \end{vmatrix} = (yp_z - zp_y)i + (zp_x - xp_z)j + (xp_y - yp_x)k \tag{C.2}$$

と書くことができる。したがって，角運動量の各成分は

$$J_x = yp_z - zp_y \tag{C.3a}$$

$$J_y = zp_x - xp_z \tag{C.3b}$$

$$J_z = xp_y - yp_x \tag{C.3c}$$

となる。角運動量を量子力学的に取り扱うためには，運動量を運動量演算子

$$\hat{p}_q = \frac{\hbar^2}{i} \frac{\partial}{\partial q} \tag{C.4}$$

に置き換えればよい。すると，角運動量演算子は

$$\hat{J}_x = \frac{\hbar}{i} \left(y \frac{\partial}{\partial z} - z \frac{\partial}{\partial y} \right) \tag{C.5a}$$

$$\hat{J}_y = \frac{\hbar}{i} \left(z \frac{\partial}{\partial x} - x \frac{\partial}{\partial z} \right) \tag{C.5b}$$

$$\hat{J}_z = \frac{\hbar}{i} \left(x \frac{\partial}{\partial y} - y \frac{\partial}{\partial x} \right) \tag{C.5c}$$

となる。これら演算子を式 (B.9) から式 (B.11) を用いて球面極座標で表すと

$$\hat{J}_x = \frac{\hbar}{i} \left(-\sin\phi \frac{\partial}{\partial\theta} - \cot\theta\cos\phi \frac{\partial}{\partial\phi} \right) \tag{C.6a}$$

$$\hat{J}_y = \frac{\hbar}{i} \left(\cos\phi \frac{\partial}{\partial\theta} - \cot\theta\sin\phi \frac{\partial}{\partial\phi} \right) \tag{C.6b}$$

$$\hat{J}_z = \frac{\hbar}{i} \frac{\partial}{\partial\phi} \tag{C.6c}$$

となる。

式 (B.37) で表される球面調和関数は角運動量の z 軸成分の演算子（式 (C.6c)）の固有関数となっており，その固有値方程式は

$$\hat{J}_z Y_{J,M}(\theta, \phi) = M\hbar Y_{J,M}(\theta, \phi) \tag{C.7}$$

となる。ここで，$M = 0, \pm 1, \pm 2, \cdots, \pm J$ である。

また，式 (4.40) より，角運動量演算子を用いて剛体回転子のハミルトニアンを表すと

$$\hat{H} = \frac{\hat{\mathcal{J}}^2}{2I} \tag{C.8}$$

と書けることから，角運動量の2乗の演算子が

$$\hat{\mathcal{J}}^2 = -\hbar^2 \left\{ \frac{1}{\sin\theta} \frac{\partial}{\partial\theta} \left(\sin\theta \frac{\partial}{\partial\theta} \right) + \frac{1}{\sin^2\theta} \frac{\partial^2}{\partial\phi^2} \right\} \tag{C.9}$$

で与えられることがわかる。あるいは式 (C.6a) から式 (C.6c) を2乗して足し合わせることでも同じ結果が得られる。式 (C.8) からわかるように，剛体回転子のハミルトニアンは角運動量の2乗の演算子の定数倍である。したがって，球面調和関数は角運動量の2乗の演算子の固有関数でもあり，その固有値方程式は

$$\hat{\mathcal{J}}^2 Y_{J,M}(\theta, \phi) = J(J+1)\hbar^2 Y_{J,M}(\theta, \phi) \tag{C.10}$$

となる。ここで，$J = 0, 1, 2, \cdots$ である。

D　遷移確率の導出

　分子の光学遷移には遷移選択律が存在する。例えば振動遷移では，調和振動子近似のもとでは $\Delta v = \pm 1$ に対応する遷移のみが許容になる。このような遷移選択律は時間に依存するシュレディンガー方程式を解き，遷移確率の定式化を行うことで理解ができる。まずここでは遷移確率を表す式を導出し，遷移双極子モーメントの重要性を議論する。

　時間に依存するシュレディンガー方程式は

$$\hat{H}\Psi(\boldsymbol{r}, t) = i\hbar \frac{\partial}{\partial t} \Psi(\boldsymbol{r}, t) \tag{D.1}$$

で表される。ハミルトニアンが時間を含まなければ，波動関数は空間部分と時間部分の積

$$\Psi(\boldsymbol{r}, t) = \psi_n(\boldsymbol{r}) f(t) \tag{D.2}$$

で書ける。ここで，$\psi_n(\boldsymbol{r})$ は定常状態の波動関数で固有値方程式

$$\hat{H}\psi_n(\boldsymbol{r}) = E_n \psi_n(\boldsymbol{r}) \tag{D.3}$$

が成立する。式 (D.2) を式 (D.1) に代入し，時間部分の波動関数の関数形を決定しよう。左辺は

$$\hat{H}\Psi(\boldsymbol{r}, t) = f(t)\hat{H}\psi_n(\boldsymbol{r}) = E_n \Psi(\boldsymbol{r}, t) \tag{D.4}$$

であり，右辺は

$$i\hbar \frac{\partial}{\partial t} \Psi(\boldsymbol{r}, t) = i\hbar \psi_n(\boldsymbol{r}) \frac{\partial}{\partial t} f(t) \tag{D.5}$$

であるから，時間を含む波動関数 $f(t)$ が満たすべき方程式として

$$\frac{\partial}{\partial t} f(t) = \frac{E_n}{i\hbar} f(t) \tag{D.6}$$

が得られる。この微分方程式は容易に積分できて，その解は

$$f(t) = e^{-iE_n t/\hbar} \tag{D.7}$$

202 付　　　　　　　録

である。したがって，全波動関数は

$$\Psi(\boldsymbol{r}, t) = \psi_n(\boldsymbol{r}) e^{-iE_n t/\hbar} \tag{D.8}$$

と書くことができる。

　さて，分子に光を照射して光学遷移を起こすことを考えよう。振動電場

$$\boldsymbol{E} = \boldsymbol{E}_0 \cos(\omega t) \tag{D.9}$$

が分子に照射された場合，光と分子の相互作用のポテンシャルエネルギーは

$$V = \hat{H}' = -\boldsymbol{\mu} \cdot \boldsymbol{E} = -\mu E_0 \cos(\omega t) \tag{D.10}$$

となる。ここで μ は分子の双極子モーメントである。このポテンシャルは定常状態にある系に対して摂動として働くので，光照射時のハミルトニアンは

$$\hat{H} = \hat{H}^0 + \hat{H}' \tag{D.11}$$

と書くことができる。$\hat{H}^0$ は光が照射されていない場合，つまり定常状態のハミルトニアンである。ここでは簡単のために二準位系を考えよう。状態1を基底状態，状態2を励起状態として，それぞれの量子状態で

$$\hat{H}^0 \Psi_1(\boldsymbol{r}, t) = E_1 \Psi_1(\boldsymbol{r}, t); \quad \Psi_1(\boldsymbol{r}, t) = \psi_1(\boldsymbol{r}) e^{-iE_1 t/\hbar} \tag{D.12a}$$

$$\hat{H}^0 \Psi_2(\boldsymbol{r}, t) = E_2 \Psi_2(\boldsymbol{r}, t); \quad \Psi_2(\boldsymbol{r}, t) = \psi_2(\boldsymbol{r}) e^{-iE_2 t/\hbar} \tag{D.12b}$$

が成立する。光照射を行って遷移が起こった際，系の状態はこれら二つの状態の線形結合で書けるから

$$\Psi(\boldsymbol{r}, t) = a_1(t) \Psi_1(\boldsymbol{r}, t) + a_2(t) \Psi_2(\boldsymbol{r}, t) = a_1(t) \psi_1(\boldsymbol{r}) e^{-iE_1 t/\hbar} + a_2(t) \psi_2(\boldsymbol{r}) e^{-iE_2 t/\hbar} \tag{D.13}$$

と表される。便宜上，$t = 0$ で $a_1(0) = 1$ かつ $a_2(0) = 0$，つまり光照射前にはすべての分子は基底状態にあるとしよう。式 (D.11) で表されるハミルトニアンをもとに，時間に依存するシュレディンガー方程式を構築し，式 (D.13) を代入すると

$$a_1(t) \hat{H}^0 \Psi_1(\boldsymbol{r}, t) + a_2(t) \hat{H}^0 \Psi_2(\boldsymbol{r}, t) + a_1(t) \hat{H}' \Psi_1(\boldsymbol{r}, t) + a_2(t) \hat{H}' \Psi_2(\boldsymbol{r}, t)$$

$$= i\hbar \Psi_1(\boldsymbol{r}, t) \frac{d}{dt} a_1(t) + i\hbar \Psi_2(\boldsymbol{r}, t) \frac{d}{dt} a_2(t) + i\hbar a_1(t) \frac{d}{dt} \Psi_1(\boldsymbol{r}, t) + i\hbar a_2(t) \frac{d}{dt} \Psi_2(\boldsymbol{r}, t) \tag{D.14}$$

となる。このうち左辺の第1項と右辺の第3項，左辺の第2項と右辺の第4項はそれぞれ等しいから

$$a_1(t) \hat{H}' \Psi_1(\boldsymbol{r}, t) + a_2(t) \hat{H}' \Psi_2(\boldsymbol{r}, t) = i\hbar \Psi_1(\boldsymbol{r}, t) \frac{d}{dt} a_1(t) + i\hbar \Psi_2(\boldsymbol{r}, t) \frac{d}{dt} a_2(t) \tag{D.15}$$

が得られる。式 (D.15) の両辺に左から $\Psi_2^*(\boldsymbol{r}, t)$ をかけて全空間で積分すると

$$a_1(t) \int \Psi_2^*(\boldsymbol{r}, t) \hat{H}' \Psi_1(\boldsymbol{r}, t) d\boldsymbol{r} + a_2(t) \int \Psi_2^*(\boldsymbol{r}, t) \hat{H}' \Psi_2(\boldsymbol{r}, t) d\boldsymbol{r}$$

$$= i\hbar \frac{d}{dt} a_1(t) \int \Psi_2^*(\boldsymbol{r}, t) \Psi_1(\boldsymbol{r}, t) d\boldsymbol{r} + i\hbar \frac{d}{dt} a_2(t) \int \Psi_2^*(\boldsymbol{r}, t) \Psi_2(\boldsymbol{r}, t) d\boldsymbol{r} \tag{D.16}$$

となる。ここで波動関数の規格化直交性

$$\int \Psi_2^*(\boldsymbol{r}, t)\Psi_1(\boldsymbol{r}, t)\mathrm{d}\boldsymbol{r} = 0 \tag{D.17a}$$

$$\int \Psi_2^*(\boldsymbol{r}, t)\Psi_2(\boldsymbol{r}, t)\mathrm{d}\boldsymbol{r} = 1 \tag{D.17b}$$

を考慮すれば，係数 $a_2(t)$ が満たすべき微分方程式は

$$\frac{\mathrm{d}}{\mathrm{d}t}a_2(t) = \frac{a_1(t)}{\mathrm{i}\hbar}\int \Psi_2^*(\boldsymbol{r}, t)\hat{H}'\Psi_1(\boldsymbol{r}, t)\mathrm{d}\boldsymbol{r} + \frac{a_2(t)}{\mathrm{i}\hbar}\int \Psi_2^*(\boldsymbol{r}, t)\hat{H}'\Psi_2(\boldsymbol{r}, t)\mathrm{d}\boldsymbol{r} \tag{D.18}$$

となる。この微分方程式を解く上で，照射する光の強度が十分に弱い場合を考えよう。このとき，系は初期状態と大きく変わることはないから，$a_1(t)\cong 1$ および $a_2(t)\cong 0$ とすれば

$$\frac{\mathrm{d}}{\mathrm{d}t}a_2(t) \cong \frac{1}{\mathrm{i}\hbar}\int \Psi_2^*(\boldsymbol{r}, t)\hat{H}'\Psi_1(\boldsymbol{r}, t)\mathrm{d}\boldsymbol{r} = \frac{1}{\mathrm{i}\hbar}\mathrm{e}^{\mathrm{i}(E_2 - E_1)t/\hbar}\int \psi_2^*(\boldsymbol{r})\hat{H}'\psi_1(\boldsymbol{r})\mathrm{d}\boldsymbol{r} \tag{D.19}$$

となる。また

$$\omega_{21} = \frac{E_2 - E_1}{\hbar} \tag{D.20}$$

とおけば，式 (D.19) は

$$\frac{\mathrm{d}}{\mathrm{d}t}a_2(t) = \frac{1}{\mathrm{i}\hbar}\mathrm{e}^{\mathrm{i}\omega_{21}t}\int \psi_2^*(\boldsymbol{r})\hat{H}'\psi_1(\boldsymbol{r})\mathrm{d}\boldsymbol{r} \tag{D.21}$$

と書くことができる。分子の双極子モーメントと電場が z 軸方向に向いているとすると（z 軸偏光），相互作用のポテンシャル（摂動ハミルトニアン）は

$$\hat{H}' = -\mu_z E_{0, z}\cos(\omega t) = -\frac{\mu_z E_{0, z}}{2}(\mathrm{e}^{\mathrm{i}\omega t} + \mathrm{e}^{-\mathrm{i}\omega t}) \tag{D.22}$$

となる。ここで，オイラーの公式

$$\mathrm{e}^{\pm \mathrm{i}\theta} = \cos\theta \pm \mathrm{i}\sin\theta \tag{D.23}$$

を用いた。さて，$a_2(t)$ が満たすべき微分方程式は

$$\begin{aligned}
\frac{\mathrm{d}}{\mathrm{d}t}a_2(t) &= -\frac{E_{0, z}}{2\mathrm{i}\hbar}\mathrm{e}^{\mathrm{i}\omega_{21}t}(\mathrm{e}^{\mathrm{i}\omega t} + \mathrm{e}^{-\mathrm{i}\omega t})\int \psi_2^*(\boldsymbol{r})\mu_z\psi_1(\boldsymbol{r})\mathrm{d}\boldsymbol{r} \\
&= -\frac{E_{0, z}\mu_{\mathrm{trs}}}{2\mathrm{i}\hbar}\left\{\mathrm{e}^{\mathrm{i}(\omega_{21} + \omega)t} + \mathrm{e}^{\mathrm{i}(\omega_{21} - \omega)t}\right\}
\end{aligned} \tag{D.24}$$

と書くことができる。ここで

$$\mu_{\mathrm{trs}} = \int \psi_2^*(\boldsymbol{r})\mu_z\psi_1(\boldsymbol{r})\mathrm{d}\boldsymbol{r} \tag{D.25}$$

は遷移双極子モーメントである。式 (D.24) を積分すると

$$\begin{aligned}
a_2(t) &= -\frac{E_{0, z}\mu_{\mathrm{trs}}}{2\mathrm{i}\hbar}\int_0^t \left\{\mathrm{e}^{\mathrm{i}(\omega_{21} + \omega)t} + \mathrm{e}^{\mathrm{i}(\omega_{21} - \omega)t}\right\}\mathrm{d}t \\
&= \frac{E_{0, z}\mu_{\mathrm{trs}}}{2\hbar}\left\{\frac{\mathrm{e}^{\mathrm{i}(\omega_{21} + \omega)t} - 1}{(\omega_{21} + \omega)} + \frac{\mathrm{e}^{\mathrm{i}(\omega_{21} - \omega)t} - 1}{(\omega_{21} - \omega)}\right\}
\end{aligned} \tag{D.26}$$

となる。光の周波数 ω が二準位間のエネルギー差に相当する周波数 ω_{21} と極めて近

い場合，式 (D.26) の左辺第 2 項は左辺第 1 項に比べて非常に大きな値になる．したがって，左辺第 1 項を無視すれば

$$a_2(t) \cong \frac{E_{0,z}\mu_{\mathrm{trs}}}{2\hbar} \frac{\mathrm{e}^{\mathrm{i}(\omega_{21}-\omega)t}-1}{(\omega_{21}-\omega)} \tag{D.27}$$

となる．分子が準位 2 にある確率，つまり準位 1 から準位 2 への遷移確率 P_{21} を求めると

$$P_{21} = |a_2(t)|^2 = a_2^*(t)a_2(t) = \frac{E_{0,z}^2|\mu_{\mathrm{trs}}|^2}{4\hbar^2} \frac{\mathrm{e}^{\mathrm{i}(\omega_{21}-\omega)t}+\mathrm{e}^{-\mathrm{i}(\omega_{21}-\omega)t}-2}{(\omega_{21}-\omega)^2} \tag{D.28}$$

となる．また，オイラーの公式から得られる関係式

$$\sin\theta = \frac{\mathrm{e}^{\mathrm{i}\theta}-\mathrm{e}^{-\mathrm{i}\theta}}{2\mathrm{i}} \tag{D.29}$$

を用いると

$$\sin^2\theta = \left(\frac{\mathrm{e}^{\mathrm{i}\theta}-\mathrm{e}^{-\mathrm{i}\theta}}{2\mathrm{i}}\right)^2 = -\frac{1}{4}(\mathrm{e}^{2\mathrm{i}\theta}+\mathrm{e}^{-2\mathrm{i}\theta}-2) \tag{D.30}$$

であるから，遷移確率は

$$P_{21} = \frac{E_{0,z}^2|\mu_{\mathrm{trs}}|^2}{\hbar^2} \frac{\sin^2\{(\omega_{21}-\omega)t/2\}}{(\omega_{21}-\omega)^2} \tag{D.31}$$

となる．図 **D.1** に遷移確率 P_{21} の離調 $(\omega_{21}-\omega)$ 依存性を示した．$\omega_{21}=\omega$ の近傍で遷移確率は急激に増大する．これはボーアの共鳴条件に対応する．また，遷移確率は遷移双極子モーメントの 2 乗 $|\mu_{\mathrm{trs}}|^2$ に比例する．したがって，遷移双極子モーメントが 0 の遷移は禁制遷移となり，その確率は 0 になる．

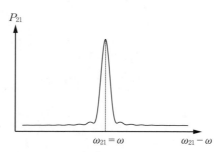

図 **D.1** 遷移確率の離調依存性

式 (D.31) はある周波数 ω における遷移確率を表す．全遷移確率は，ω の全範囲で式 (D.31) を積分することで

$$P_{\mathrm{tot},z} = \frac{|\mu_{\mathrm{trs}}|^2}{\varepsilon_0\hbar^2}\rho_{\nu,z}(\omega_{21})\int_{-\infty}^{+\infty}\frac{\sin^2\{(\omega_{21}-\omega)t/2\}}{(\omega_{21}-\omega)^2}\mathrm{d}\omega = \frac{|\mu_{\mathrm{trs}}|^2}{\varepsilon_0\hbar^2}\rho_{\nu,z}(\omega_{21})\pi t \tag{D.32}$$

となる．ここで $\rho_\nu(\omega_{21})=\varepsilon_0 E_{0,z}^2/2$ の関係式と，積分公式

$$\int_{-\infty}^{+\infty} \frac{\sin^2 x}{x^2}\,dx = \pi \tag{D.33}$$

を用いた。単位時間あたりの遷移確率は式（D.32）の時間微分

$$\frac{dP_{\text{tot},z}}{dt} = \frac{|\mu_{\text{trs}}|^2}{\varepsilon_0 \hbar^2}\,\rho_{\nu,z}(\omega_{21})\pi \tag{D.34}$$

を考えればよい。また、遷移確率は N_2/N に相当し、ここで N は一定である。$N \cong N_1$ とすれば

$$\frac{dN_2}{dt} = \frac{|\mu_{\text{trs}}|^2}{\varepsilon_0 \hbar^2}\,\rho_{\nu,z}(\omega_{21})\pi N_1 \tag{D.35}$$

となる。ここで、$\rho_\nu(\omega)d\omega$ を考えれば、これは $\rho_\nu(\nu)d\nu$ と等しい。$\omega = 2\pi\nu$ であるから、$d\omega = 2\pi d\nu$ である。つまり、$\rho_\nu(\nu)d\nu = 2\pi\rho_\nu(\omega)d\nu$ だから、結局、$\rho_\nu(\nu) = 2\pi\rho_\nu(\omega)$ となる。したがって、式（D.35）は

$$\frac{dN_2}{dt} = \frac{|\mu_{\text{trs}}|^2}{2\varepsilon_0 \hbar^2}\,\rho_{\nu,z}(\nu_{21})N_1 \tag{D.36}$$

となる。5.3 節では遷移確率を速度論的に取り扱った。吸収の確率は

$$\frac{dN_2}{dt} = B_{21}\rho_\nu(\nu_{21})N_1 \tag{D.37}$$

で与えられるが、この式中の $\rho_\nu(\nu_{21})$ は等方的な電場を考慮している。z 軸成分は単純に $1/3$ をすればよいので、$\rho_{\nu,z}(\nu_{21}) = \rho_\nu(\nu_{21})/3$ である。これを踏まえて式（D.36）と式（D.37）を比較すると

$$B_{21} = \frac{|\mu_{\text{trs}}|^2}{6\varepsilon_0 \hbar^2} = \frac{2\pi^2}{3\varepsilon_0 h^2}\,|\mu_{\text{trs}}|^2 \tag{D.38}$$

が得られる。また、式（5.16b）より

$$A_{21} = \frac{16\pi^3 \nu_{21}^3}{3\varepsilon_0 h c^3}\,|\mu_{\text{trs}}|^2 \tag{D.39}$$

が得られる。

E　剛体回転子・調和振動子モデルの遷移選択律の導出

前述の議論をもとに、剛体回転子モデルおよび調和振動子モデルの遷移選択律を導出しよう。分子の双極子モーメントが z 軸方向を向いているとすれば、球面極座標系において $z = r\cos\theta$ であることを考慮して

$$\mu_z = \mu_0 \cos\theta \tag{E.1}$$

と書ける。したがって、回転遷移に関する遷移双極子モーメントは

$$\begin{aligned}
\mu_{\text{trs}} &= \int_0^\pi \int_0^{2\pi} Y_{J',M'}^*(\theta,\phi)\mu_z Y_{J'',M''}(\theta,\phi)\sin\theta\,d\theta\,d\phi \\
&= \mu_0 \int_0^\pi \int_0^{2\pi} Y_{J',M'}^*(\theta,\phi)Y_{J'',M''}(\theta,\phi)\cos\theta\sin\theta\,d\theta\,d\phi
\end{aligned} \tag{E.2}$$

となる。ここで，回転波動関数は球面調和関数で

$$Y_{J,M}(\theta, \phi) = N_{J,M} P_J^{|M|}(\cos\theta) e^{iM\phi} \tag{E.3}$$

である。簡単のために，$\chi = \cos\theta$ とおいて変数変換しよう。

$$\frac{d\chi}{d\theta} = -\sin\theta \tag{E.4}$$

$$d\chi = -\sin\theta d\theta \tag{E.5}$$

であり，また θ の範囲が 0 から π だから，χ に関する積分範囲は $\chi = +1$ から $\chi = -1$ である。したがって，遷移双極子モーメントの積分は

$$\mu_{\text{trs}} = -\mu_0 N_{J',M'}^* N_{J'',M''} \int_{+1}^{-1} P_{J'}^{|M'|}(\chi) x P_{J''}^{|M''|}(\chi) d\chi \int_0^{2\pi} e^{i(M'-M'')\phi} d\phi$$

$$= \mu_0 N_{J',M'}^* N_{J'',M''} \int_{-1}^{+1} P_{J'}^{|M'|}(\chi) x P_{J''}^{|M''|}(\chi) d\chi \int_0^{2\pi} e^{i(M'-M'')\phi} d\phi \tag{E.6}$$

となる。この遷移双極子モーメントが 0 でない値をもつためには，角度 ϕ に関する積分

$$\int_0^{2\pi} e^{i(M'-M'')\phi} d\phi \tag{E.7}$$

が 0 でないことが必要である。したがって，量子数 M に関する遷移選択律として

$$\Delta M = M' - M'' = 0; \quad M' = M'' \tag{E.8}$$

が得られる。この場合，式 (E.7) の値は 2π となるから，遷移双極子モーメントの積分は

$$\mu_{\text{trs}} = 2\pi\mu_0 N_{J',M}^* N_{J'',M} \int_{-1}^{1} \chi P_{J'}^{|M|}(\chi) P_{J''}^{|M|}(\chi) d\chi \tag{E.9}$$

となる。ここで，ルジャンドル陪多項式の漸化式（式 (B.34)）を用いれば，式 (E.9) は

$$\mu_{\text{trs}} = 2\pi\mu_0 N_{J',M}^* N_{J'',M} \int_{-1}^{1} P_{J'}^{|M|}(\chi) \left\{ \frac{J''-|M|+1}{2J''+1} P_{J''+1}^{|M|}(\chi) + \frac{J''+|M|}{2J''+1} P_{J''-1}^{|M|}(\chi) \right\} d\chi \tag{E.10}$$

となる。ルジャンドル陪多項式の規格化直交性

$$\int_{-1}^{1} P_{J'}^{|M|}(\chi) P_{J''+1}^{|M|}(\chi) d\chi = \delta_{J',J''+1} \tag{E.11a}$$

$$\int_{-1}^{1} P_{J'}^{|M|}(\chi) P_{J''-1}^{|M|}(\chi) d\chi = \delta_{J',J''-1} \tag{E.11b}$$

を考慮すれば，式 (E.10) が 0 でない値をもつためには

$$\Delta J = J' - J'' = \pm 1 \tag{E.12}$$

の条件が必要となる。これが回転遷移の遷移選択律である。

つぎに調和振動子の遷移選択律を導出しよう。5.2 節のように，分子の双極子モーメントを平衡核間距離 r_e の近傍で（$x = 0$ の近傍で）テイラー展開すると

E　剛体回転子・調和振動子モデルの遷移選択律の導出　　207

$$\mu = \mu(0) + \left(\frac{\mathrm{d}\mu}{\mathrm{d}x}\right)_{x=0} x + \frac{1}{2!}\left(\frac{\mathrm{d}^2\mu}{\mathrm{d}x^2}\right)_{x=0} x^2 + \cdots \tag{E.13}$$

となる。x に関する 2 次以上の項は小さいとして無視すれば，遷移双極子モーメントの積分は

$$\mu_{\mathrm{trs}} = \int_{-\infty}^{+\infty} \psi_{v'}^* \mu \psi_{v''} \mathrm{d}x$$

$$= \mu(0) \int_{-\infty}^{+\infty} \psi_{v'}^* \psi_{v''} \mathrm{d}x + \left(\frac{\mathrm{d}\mu}{\mathrm{d}x}\right)_{x=0} \int_{-\infty}^{+\infty} \psi_{v'}^* x \psi_{v''} \mathrm{d}x \tag{E.14}$$

$$= \left(\frac{\mathrm{d}\mu}{\mathrm{d}x}\right)_{x=0} \int_{-\infty}^{+\infty} \psi_{v'}^* x \psi_{v''} \mathrm{d}x$$

となる。ここで振動波動関数は

$$\psi_v(x) = N_v H_v(\alpha^{1/2}x)\mathrm{e}^{-\alpha x^2/2} \tag{E.15}$$

で与えられるから，式（E.14）は

$$\mu_{\mathrm{trs}} = N_{v'} N_{v''} \left(\frac{\mathrm{d}\mu}{\mathrm{d}x}\right)_{x=0} \int_{-\infty}^{+\infty} H_{v'}(\alpha^{1/2}x)x H_{v''}(\alpha^{1/2}x)\mathrm{e}^{-\alpha x^2}\mathrm{d}x$$

$$= \frac{N_{v'} N_{v''}}{\alpha} \left(\frac{\mathrm{d}\mu}{\mathrm{d}x}\right)_{x=0} \int_{-\infty}^{+\infty} H_{v'}(y)y H_{v''}(y)\mathrm{e}^{-y^2}\mathrm{d}y \tag{E.16}$$

となる。ここで $y = \alpha^{1/2}x$ とおいて変数変換をおこなった。エルミート多項式の漸化式（式（A.9））を変形すれば

$$yH_v(y) = vH_{v-1}(y) + \frac{1}{2} H_{v+1}(y) \tag{E.17}$$

となるから，これを式（E.16）に代入すると

$$\mu_{\mathrm{trs}} = \frac{N_{v'} N_{v''}}{\alpha} \left(\frac{\mathrm{d}\mu}{\mathrm{d}x}\right)_{x=0} \int_{-\infty}^{+\infty} H_{v'}(y)\left\{v'' H_{v''-1}(y) + \frac{1}{2} H_{v''+1}(y)\right\}\mathrm{e}^{-y^2}\mathrm{d}y$$

$$= \frac{N_{v'} N_{v''}}{\alpha} \left(\frac{\mathrm{d}\mu}{\mathrm{d}x}\right)_{x=0} \left\{v'' \int_{-\infty}^{+\infty} H_{v'}(y)H_{v''-1}(y)\mathrm{e}^{-y^2}\mathrm{d}y + \frac{1}{2} \int_{-\infty}^{+\infty} H_{v'}(y)H_{v''+1}(y)\mathrm{e}^{-y^2}\mathrm{d}y\right\}$$

$$\tag{E.18}$$

となる。エルミート多項式の直交性（式（A.3））を考慮すれば，上記積分が 0 でない値をもつためには

$$\Delta v = v' - v'' = \pm 1 \tag{E.19}$$

となる必要がある。これが調和振動子の遷移選択律である。

F 基礎物理定数表

表 F.1 基礎物理定数

定　数	記　号	値
原子質量単位	m_u	$1.660\ 539\ 066\ 60 \times 10^{-27}$ kg
アボガドロ定数	N_A	$6.022\ 140\ 76 \times 10^{23}$ mol^{-1}
ボルツマン定数	k_B	$1.380\ 649 \times 10^{-23}$ J K^{-1}
		$0.695\ 035\ 6$ cm^{-1} K^{-1}
気体定数	$R = k_B N_A$	$8.314\ 462\ 618$ J K^{-1} mol^{-1}
プランク定数	h	$6.626\ 070\ 15 \times 10^{-34}$ J s
ディラック定数	$\hbar = h/(2\pi)$	$1.054\ 571\ 817 \times 10^{-34}$ J s
電子の静止質量	m_e	$9.109\ 383\ 710\ 5 \times 10^{-31}$ kg
プロトンの静止質量	m_p	$1.672\ 621\ 923\ 69 \times 10^{-27}$ kg
電荷素量	e	$1.602\ 176\ 634 \times 10^{-19}$ C
真空の誘電率	ε_0	$8.854\ 187\ 812\ 8 \times 10^{-12}$ C^2 J^{-1} m^{-1}
	$4\pi\varepsilon_0$	$1.112\ 650\ 056 \times 10^{-10}$ C^2 J^{-1} m^{-1}
真空中の光速度	c_0	$299\ 792\ 458$ m s^{-1}（定義）
円周率	π	$3.141\ 592\ 653\ 59$
ネイピア数	e	$2.718\ 281\ 828\ 46$

原子質量〔amu〕（1 amu $= 1 \times 10^{-3}/N_A$〔kg〕）

^{1}H: 1.007 8　　　　　^{2}H(D): 2.014 1　　　　^{4}He: 4.002 6

^{12}C: 12.000 0　　　　^{14}N: 14.003 1　　　　^{16}O: 15.994 9

^{19}F: 18.998 4　　　　^{20}Ne: 19.992 4　　　　^{23}Na: 22.989 8

^{28}Si: 27.976 9　　　　^{31}P: 30.973 8　　　　^{32}S: 31.972 1

^{35}Cl: 34.968 9　　　　^{37}Cl: 36.965 9　　　　^{40}Ar: 39.962 4

^{79}Br: 78.918 3　　　　^{127}I: 126.904 5　　　^{132}Xe: 131.904 2

G 代表的な二原子分子の電子基底状態における分子定数

表 G.1 二原子分子の電子基底状態の分子定数[10]

分　子	$\tilde{B}_e$ [†1]	$\tilde{\alpha}_e$ [†1]	$\tilde{D}_e$ [†1]	$\tilde{\nu}_e$ [†1]	$\tilde{\nu}_e\tilde{x}_e$ [†1]	γ_e [†2]	D_0 [†3]
H_2	60.853 0	3.062 2	4.71×10^{-2}	4 401.213	121.336	74.14	432.1
$H^{19}F$	20.955 7	0.798	2.15×10^{-3}	4 138.32	89.88	91.68	566.2
$H^{35}Cl$	10.593 4	0.307 2	5.319×10^{-4}	2 990.946	52.819	127.46	427.8
$H^{79}Br$	8.464 9	0.233 3	3.458×10^{-4}	2 648.975	45.218	141.44	362.6
$H^{127}I$	6.512 2	0.168 9	2.069×10^{-4}	2 309.014	39.644	160.92	294.7
$^{12}C^{16}O$	1.931 3	0.017 5	6.122×10^{-6}	2 169.814	13.288	112.83	1 070.2
$^{14}N^{16}O$	1.671 95	0.017 1	5.4×10^{-6}	1 904.20	14.075	115.08	626.8
$^{14}N_2$	1.998 2	0.017 32	5.76×10^{-6}	2 358.57	14.324	109.77	941.6
$^{16}O_2$	1.445 6	0.015 9	4.84×10^{-6}	2 358.57	14.324	109.77	493.6
$^{19}F_2$	0.890 19	0.138 47	3.3×10^{-6}	916.64	11.236	141.19	154.6
$^{35}Cl_2$	0.244 0	0.001 49	1.86×10^{-7}	559.72	2.675	198.79	239.2
$^{79}Br_2$	0.082 1	0.000 318 7	2.09×10^{-8}	325.321	1.077 4	228.11	190.1
$^{127}I_2$	0.037 37	0.000 113 8	4.25×10^{-9}	214.502	0.614 7	266.63	148.8
$^{35}Cl^{19}F$	0.516 5	0.004 358	8.77×10^{-7}	786.15	6.161	162.83	252.5
$^{23}Na_2$	0.154 7	0.000 873 6	5.81×10^{-7}	159.125	0.726	307.89	71.1
$^{39}K_2$	0.056 74	0.000 165	8.63×10^{-8}	92.021	0.282 9	390.51	53.5

[†1] 〔cm^{-1}〕 単位
[†2] 〔pm〕 単位
[†3] 振動基底状態 $(v=0)$ から測った解離エネルギー （〔$kJ\,mol^{-1}$〕 単位）

H 代表的な有機官能基の赤外吸収波数

表 H.1　代表的な有機官能基の赤外吸収波数[11]

振　動	吸収波数〔cm^{-1}〕
C － H 伸縮	2 850 － 2 960
C － H 変角	1 340 － 1 465
C － C 伸縮，変角	700 － 1 250
C ＝ C 伸縮	1 620 － 1 680
C ≡ C 伸縮	2 100 － 2 260
O － H 伸縮	3 590 － 3 650
水素結合	3 200 － 3 570
C ＝ O 伸縮	1 640 － 1 780
C ＝ N 伸縮	2 215 － 2 275
N － H 伸縮	3 200 － 3 500
C － F 伸縮	1 000 － 1 400
C － Cl 伸縮	600 － 800
C － Br 伸縮	500 － 600
C － I 伸縮	500

引 用 文 献

1) K. Bogumil, J. Orphal, T. Homann, S. Voigt, P. Spietz, O.C. Fleischmann, A. Vogel, M. Hartmann, H. Kromminga, H. Bovensmann, J. Frerick, and J.P. Burrows : Measurements of molecular absorption spectra with the SCIAMACHY pre-flight model: instrument characterization and reference data for atmospheric remote-sensing in the 230–2380 nm region, *J. Photochem. Photobiol. A: Chem.* **157**, pp.167–184（2003）

2) E. Clementi and C. Roetti: Roothaan-Hartree-Fock atomic wavefunctions: Basis functions and their coefficients for ground and certain excited states of neutral and ionized atoms, $Z \leq 54$, *Atomic Data and Nuclear Data Tables*, **14**, pp.177–478（1974）

3) G.M.Barrow 著，藤代亮一 訳：バーロー物理化学（下），p.636, Fig. 12.5，東京化学同人（1968）

4) J. M. Hollas：Modern Spectroscopy，p.152 Fig. 6.9，John Wiley & Sons（2004）

5) NIST Chemistry webbook（https://webbook.nist.gov/cgi/cbook.cgi?ID=C2074875&Units=SI&Mask=1000#Diatomic）のデータを元に LeRoy のプログラム LEVEL 16（*J. Quant. Spectrosc. Radiat. Transfer* **186**, 167（2016））および RKR 1 16（*J. Quant. Spectrosc. Radiat. Transfer* **186**, 158（2016））を利用して作成

6) B. A. Thompson, P. Harteck and R. R. Reeves Jr.: Ultraviolet absorption coefficients of CO_2, CO, O_2, H_2O, N_2O, NH_3, NO, SO_2, and CH_4 between 1850 and 4000 Å, *J. Geophys. Res.* **68**, 24, pp.6431–6436（1963）

7) W.T.M.L. Fernando, L.C. O'Brien and P.F. Bernath: Fourier transform emission spectroscopy of the $A^1\Sigma^+ - X^1\Sigma^+$ transition of CuD, *J. Mol. Spectrosc.*,**139**, 2, pp.461–464（1990）

8) S. Hoshino, O. Yamamoto, R. Abe, D. Nishimichi, Y. Nakano, T. Ishiwata and K. Tsukiyama: Radiative lifetimes and self-quenching rate constants of the ion-pair states of halogen molecules, *J. Quant. Spectrosc. Radiat. Transf.* **271**, 107722(2021)

9) NIST Chemistry webbook（https://webbook.nist.gov/cgi/cbook.cgi?ID=C12070154&Units=SI&Mask=1000#Diatomic）

10) D. A. McQuarrie, J. D. Simon 著，千原秀昭，江口太郎，齋藤一弥 訳：マッカーリ・サイモン物理化学（上）－分子論的アプローチ－，p.535，東京化学同人（1999）

11) P. W. Atkins, J. de Paula 著，中野元裕，上田貴洋，奥村光隆，北河康隆 訳：アトキンス物理化学（下）第 10 版，p.1035，東京化学同人（2017）

参 考 図 書

量子化学全般

1) D. A. McQuarrie, J. D. Simon 著，千原秀昭，江口太郎，齋藤一弥 訳：マッカーリ・サイモン物理化学（上）－分子論的アプローチ－，東京化学同人（1999）

2) P. W. Atkins, J. de Paula 著，中野元裕，上田貴洋，奥村光隆，北河康隆 訳：アトキンス物理化学（下）第 10 版，東京化学同人（2017）

3) P. W. Atkins, R. S. Friedman：Molecular Quantum Mechanics, 5th ed Oxford university press（2011）

4) I. N. Levine：Quantum Chemistry 7th ed., Pearson（2013）

分光学全般

5) P. F. Bernath: Spectra of Atoms and Molecules 4th ed., Oxford university press（2020）

6) J. M. Hollas: Modern Spectroscopy 4th ed., John Wiley & Sons（2004）

7) 幸田清一郎，小谷正博，染田清彦，阿波賀邦夫 編：大学院講義 物理化学（第 2 版）I. 量子化学と分子分光学，東京化学同人（2013）

8) 山内 薫：岩波講座 分子構造の決定（現代化学への入門 4），岩波書店（2001）

9) G. Herzberg: Molecular Spectra and Molecular Structure I ~ III, Van Nostrand Reinhold, New York

I - Spectra of Diatomic Molecules (1950)

II - Infrared and Raman Spectra (1945)

III - Electronic Spectra and Electronic Structure of Polyatomic Molecules (1966)

（分子分光学に関するさまざまな内容を網羅的に記したバイブル）

群 論

10) 中崎昌雄：分子の対称と群論，東京化学同人 (1973)

11) 今野豊彦：物質の対称性と群論，共立出版 (2001)

実験手法に関して

12) 分光法シリーズ，講談社サイエンティフィク

（第 8 巻の『紫外可視・蛍光分光法』は著者が編著を担当）

13) 分光測定入門シリーズ，講談社サイエンティフィク

（レーザー光を利用した先端的計測手法の解説も多く含まれる）

14) 実験化学講座　第 5 版　2 巻 基礎編 II 物理化学 上，3 巻 基礎編 III 物理化学 下，9 巻 物質の構造 I 分光上など，丸善

（その他の巻にも化学実験に関する内容が非常に豊富）

演習問題の略解

1 章

問題 1.1　省略

2 章

問題 2.1　$\dfrac{d^2}{dx^2}\sin\alpha x = -\alpha^2\sin\alpha x$ で，元の関数の定数倍となっていることから，固有関数となっている。固有値は $-\alpha^2$。

問題 2.2　$\hat{H} = -\dfrac{\hbar^2}{2m}\dfrac{d^2}{dx^2} + \dfrac{1}{2}kx^2$

問題 2.3　$\hat{H}\psi_n(x) = -\dfrac{\hbar^2}{2m}\dfrac{d^2}{dx^2}\left(B\sin\dfrac{n\pi x}{a}\right) = \dfrac{\hbar^2}{2m}\left(\dfrac{n\pi}{a}\right)^2\left(B\sin\dfrac{n\pi x}{a}\right) = \dfrac{n^2h^2}{8ma^2}\left(B\sin\dfrac{n\pi x}{a}\right)$

問題 2.4　$A\cos\dfrac{\pi x}{a}$ は $x=0$ および $x=a$ のときに 0 にならない。したがって境界条件を満たさないため波動関数として不適切。

問題 2.5　$\dfrac{2}{a}\displaystyle\int_0^{a/2}\sin^2\dfrac{\pi x}{a}\,dx$ を計算する。ここで，$y=\pi x/a$ とおくと $dx = a\,dy/\pi$ で，$x=0$ のとき $y=0$，$x=a/2$ のとき $y=\pi/2$ だから $\dfrac{2}{\pi}\displaystyle\int_0^{\pi/2}\sin^2 y\,dy = \dfrac{1}{\pi}\displaystyle\int_0^{\pi/2}(1-\cos 2y)dy$ $= \dfrac{1}{2}$。

3 章

問題 3.1　$E_n = -\dfrac{Z^2e^2}{8\pi\varepsilon_0 a_0 n^2} = -13.6\dfrac{Z^2}{n^2}$ eV。ここで He$^+$ は $Z=2$ だから，$E_n(\text{He}^+) = -\dfrac{54.4}{n^2}$ eV つまり，IE $= E_\infty - E_1 = 54.4$ eV。

　水素原子（$Z=1$）と比較すると核電荷が大きいため，電子と核の間に働くクーロンポテンシャルはより安定化させる働きをする。つまり，軌道エネルギーが低下するためイオン化エネルギーは大きくなる。

問題 3.2　ψ_{1s} は動径 r にのみ依存する関数であるから，角度に関する偏微分の項は無視できる。つまり，$\left\{-\dfrac{\hbar^2}{2m_e}\left(\dfrac{d^2}{dr^2} + \dfrac{2}{r}\dfrac{d}{dr}\right) - \dfrac{Ze^2}{4\pi\varepsilon_0}\right\}N_{1s}\mathrm{e}^{-Zr/a_0}$ の計算を行い式を

整理すれば $E_1 = -\dfrac{Z^2 e^2}{8\pi\varepsilon_0 a_0}$ が得られる。したがって，ψ_{1s} は水素類似原子のシュレディンガー方程式の解である。

問題 3.3　式 (2.10) を利用する。$P = \dfrac{4Z^3}{a_0^3}\displaystyle\int_0^{a_0} r^2 \mathrm{e}^{-2Zr/a_0}\,\mathrm{d}r$ であり，$Zr/a_0 = \sigma$ とおいて変数変換すれば，$P = 4\displaystyle\int_0^Z \sigma^2 \mathrm{e}^{-2\sigma}\,\mathrm{d}\sigma$ となる。$Z=1$ として部分積分を行えば，$P = 1 - 5\mathrm{e}^{-2} \approx 0.323$。

問題 3.4　2s 軌道の動径分布関数は $P_{2s}(r) = r^2|R_{2,0}|^2 = C\sigma^2(2-\sigma)^2\mathrm{e}^{-\sigma}$（$C$ は定数）であり，これの極値を与える r を求めればよい。$\dfrac{\mathrm{d}P_{2s}}{\mathrm{d}\sigma} = C\mathrm{e}^{-\sigma}\sigma(\sigma-2)(\sigma^2-6\sigma+4) = 0$。
したがって，$\sigma = 0, 2, 3\pm\sqrt{5}$。このうち極大を与えるのは $3\pm\sqrt{5}$ であるから，$r_{\mathrm{max,\,2s}} = (3-\sqrt{5})a_0, (3+\sqrt{5})a_0$。

　2p 軌道の動径分布関数は $P_{2p}(r) = r^2|R_{2,1}|^2 = C\sigma^4\mathrm{e}^{-\sigma}$ であり，同様に極大を与える r を求めると，$r_{\mathrm{max,\,2p}} = 4a_0$

問題 3.5　省略

問題 3.6　式 (3.55) に式 (3.59b) を代入して整理すると $c_A = -c_B$ の関係が得られる。本文中と同様に規格化を行うことで式 (3.65) が得られる。

問題 3.7　$\displaystyle\int \Psi_1 \Psi_2 \,\mathrm{d}\tau = N_1 N_2 \int (\psi_A + \psi_B)(\psi_A - \psi_B)\,\mathrm{d}\tau = N_1 N_2 \Big(\int \psi_A^2\,\mathrm{d}\tau - \int \psi_B^2\,\mathrm{d}\tau\Big)$

ここで原子軌道関数 ψ_A および ψ_B は規格化されているから，$\displaystyle\int \psi_A^2\,\mathrm{d}\tau = \int \psi_B^2\,\mathrm{d}\tau = 1$。
したがって，$\displaystyle\int \Psi_1 \Psi_2 \,\mathrm{d}\tau = 0$。

問題 3.8　省略

問題 3.9　省略

問題 3.10

	電子配置	結合次数 b
NO	$(1\sigma)^2(2\sigma*)^2(3\sigma)^2(4\sigma*)^2(5\sigma)^2(1\pi)^4(2\pi*)^1$	2.5
NO^+	$(1\sigma)^2(2\sigma*)^2(3\sigma)^2(4\sigma*)^2(5\sigma)^2(1\pi)^4$	3
NO^-	$(1\sigma)^2(2\sigma*)^2(3\sigma)^2(4\sigma*)^2(5\sigma)^2(1\pi)^4(2\pi*)^2$	2

結合の強さは $\mathrm{NO}^+ > \mathrm{NO} > \mathrm{NO}^-$

演 習 問 題 の 略 解　　　**215**

問題 3.11　（1）$\begin{vmatrix} \alpha-\varepsilon & \beta & 0 \\ \beta & \alpha-\varepsilon & \beta \\ 0 & \beta & \alpha-\varepsilon \end{vmatrix} = 0$

（2）永年行列式を解くと，$\varepsilon_1 = \alpha + \sqrt{2}\beta, \varepsilon_2 = \alpha, \varepsilon_3 = \alpha - \sqrt{2}\beta$ が得られる。π 電子数は三つだから，全 π 電子エネルギーは $\varepsilon_{\text{tot}} = 2\varepsilon_1 + \varepsilon_2 = 3\alpha + 2\sqrt{2}\beta$。

（3）省略

問題 3.12　問題 3.11 と同様。各軌道のエネルギーは $\varepsilon_1 = \alpha + \sqrt{2}\beta, \varepsilon_2 = \alpha, \varepsilon_3 = \alpha - \sqrt{2}\beta$。それぞれに対応する分子軌道関数は $\Psi_1 = \dfrac{1}{2}(\psi_1 + \sqrt{2}\psi_2 + \psi_3)$, $\Psi_2 = \dfrac{1}{\sqrt{2}}(\psi_1 - \psi_3)$, $\Psi_3 = \dfrac{1}{2}(\psi_1 - \sqrt{2}\psi_2 + \psi_3)$。全電子エネルギーは $\varepsilon_{\text{tot}} = 2\varepsilon_1 = 2\alpha + 2\sqrt{2}\beta$。

問題 3.13　環状形 $H_3{}^+$ では一つ目の水素と三つ目の水素の間に結合が存在することに注意すると永年行列式は $\begin{vmatrix} \alpha-\varepsilon & \beta & \beta \\ \beta & \alpha-\varepsilon & \beta \\ \beta & \beta & \alpha-\varepsilon \end{vmatrix} = 0$。これを解くと各軌道のエネルギーは $\varepsilon_1 = a + 2\beta, \varepsilon_2 = \varepsilon_3 = \alpha - \beta$。それぞれに対応する分子軌道関数は $\Psi_1 = \dfrac{1}{\sqrt{3}}(\psi_1 + \psi_2 + \psi_3)$, $\Psi_2 = \dfrac{1}{\sqrt{2}}(\psi_1 - \psi_3)$, $\Psi_3 = \dfrac{\sqrt{3}}{4}(\psi_1 - 2\psi_2 + \psi_3)$。全電子エネルギーは $\varepsilon_{\text{tot}} = 2\varepsilon_1 = 2\alpha + 4\beta$。

問題 3.14　全電子エネルギーを求める。

	直　線	環　状
H_3	$3\alpha + 2\sqrt{2}\beta$	$3\alpha + 3\beta$
$H_3{}^+$	$2\alpha + 2\sqrt{2}\beta$	$2\alpha + 4\beta$
$H_3{}^-$	$4\alpha + 2\sqrt{2}\beta$	$4\alpha + 2\beta$

　　共鳴積分 β が負であることを考慮すると，H_3 では環状，$H_3{}^+$ では環状，$H_3{}^-$ では直線状構造が安定と考えられる。これはあくまでもヒュッケル近似のもとでの安定構造であるが，$H_3{}^+$ 分子は実際に環状構造が安定であることが実験的にも立証されている。

問題 3.15　省略

216　演習問題の略解

4 章

問題 4.1　$x=r-r_e$ とおく。$\dfrac{\mathrm{d}^2V}{\mathrm{d}x^2}=-D_e\beta^2(\mathrm{e}^{-\beta x}-2\mathrm{e}^{-2\beta x})$ であるから，$x=0$ において

は，$\left(\dfrac{\mathrm{d}^2V}{\mathrm{d}x^2}\right)_{x=0}=-D_e\beta^2=k_f$。具体的なグラフは図 7.8 に示されている。

問題 4.2　式 (4.5) を式 (4.4) に代入してみればよい。

問題 4.3　$\mu=\dfrac{m_1m_2}{m_1+m_2}$ において，$m_1\gg m_2$ とすると $\mu\cong m_2$ となる。すると振動数

は $\nu\cong\dfrac{1}{2\pi}\sqrt{\dfrac{k_f}{m_2}}$ となる。

問題 4.4　省略

問題 4.5　$\displaystyle\int_{-\infty}^{+\infty}\psi_1\psi_0\,\mathrm{d}x=C\int_{-\infty}^{+\infty}x\mathrm{e}^{-\alpha x^2}\mathrm{d}x$　（C は定数）。被積分関数は奇関数であるから原点対称な積分は 0 となる。

問題 4.6　省略

問題 4.7　$J(J+1)=42$ で，$J=6$。回転量子状態の縮退度は $g_J=2J+1=13$ だから，合計 13 個の縮退した量子状態が存在する。

5 章

問題 5.1　波長：37.5 cm，エネルギー：5.28×10^{-25} J

問題 5.2

λ	ν	$\tilde{\nu}$	E
1 nm	3×10^{17} Hz	10 000 000 cm^{-1}	1.98×10^{-16} J
500 nm	6×10^{14} Hz	20 000 cm^{-1}	3.96×10^{-19} J
30 cm	1×10^{9} Hz	0.033 cm^{-1}	6.60×10^{-25} J

問題 5.3

T	ΔE		
	100 cm^{-1}	1 000 cm^{-1}	10 000 cm^{-1}
300 K	0.62	8.3×10^{-3}	1.5×10^{-21}
1000 K	0.87	0.24	5.6×10^{-7}

問題 5.4　式 (5.24) と式 (5.33) を比較すると $\sigma=2.303\varepsilon c/N_0$。濃度は $c=N_0/N_A$（N_A はアボガドロ数）で書けるから，$\sigma=2.303\varepsilon/N_A$。

演 習 問 題 の 略 解　　*217*

問題 5.5　$\dfrac{I_{0.95}}{I} = \mathrm{e}^{0.05\sigma N_0 L} \approx 2$　約 2 倍に増加する。

問題 5.6　省略

6 章

問題 6.1　回転定数を振動数単位で表すと $B = c\tilde{B} = \dfrac{h}{8\pi^2 I}$ となる。回転線の間隔は $2B$ に相当するから，$B = 3.13 \times 10^{11}$ Hz。慣性モーメントを求めると $I = 2.68 \times 10^{-47}$ kg m²。換算質量は原子一つあたりの質量を用いて $\mu = \dfrac{m_H m_{Cl}}{m_H + m_{Cl}} = 1.63 \times 10^{-27}$ kg だから，$r_e = 1.28 \times 10^{-10}$ m $= 1.28$ Å。

問題 6.2　量子力学的回転エネルギーと古典力学的回転エネルギーが等しいと仮定すると $E = hc\tilde{B}J(J+1) = \dfrac{1}{2}I\omega_{rot}^2$。これを角速度について整理すると，$\omega_{rot} = \sqrt{\dfrac{2hc}{I}\tilde{B}J(J+1)} = 4\pi c\tilde{B}\sqrt{J(J+1)} = 2\pi\nu_{rot}$ だから $\nu_{rot} = 1.159 \times 10^{11}\sqrt{J(J+1)}$ s⁻¹。

$J = 1 : \nu_{rot} = 1.64 \times 10^{11}$ s⁻¹ （1 秒間に 1 640 億回転），$T_{rot} = 1/\nu_{rot} = 6.1$ ps
$J = 10 : \nu_{rot} = 1.21 \times 10^{12}$ s⁻¹ （1 秒間に約 1 兆回転），$T_{rot} = 1/\nu_{rot} = 0.82$ ps

問題 6.3　J を連続変数とみなし，式 (6.8) を J について微分して 0 とおく。そのときの J の値を求めれば式 (6.46) となる。CO 分子について J_{max} を計算すると，整数値で 7 となる。

問題 6.4　回転項を $F(J) = \tilde{B}_e J(J+1) - \tilde{D}_e J^2(J+1)^2$ として $F(J+1)$ と $F(J)$ の差を計算する。

問題 6.5　式 (6.26) より，$J' = 7 \leftarrow J'' = 6$ 遷移の波数は $14\tilde{B}_e - 1\,372\tilde{D}_e$，$J' = 8 \leftarrow J'' = 7$ 遷移の波数は $16\tilde{B}_e - 2\,048\tilde{D}_e$。これらが問題文中に記載されている数値と等しいとして連立すると，$\tilde{B}_e = 1.922\,5$ cm⁻¹，$\tilde{D}_e = 6.160\,7 \times 10^{-6}$ cm⁻¹。付録表 G.1 に記載されている値と若干異なるのは，回転定数の振動状態依存性 (7.5 節) を考慮に入れていないため。

問題 6.6　省略

7 章

問題 7.1　振動数：$\nu = c\tilde{\nu} = 9.0 \times 10^{13}$ s⁻¹，周期：$T = 1/\nu = 11$ fs

問題 7.2　$\tilde{\nu} = \dfrac{1}{2hc}\sqrt{\dfrac{k_f}{\mu}}$ より，$k_f = \mu(2\pi c\tilde{\nu})^2$。H³⁵Cl: $k_f = 481.5$ N m⁻¹，¹²C¹⁶O: $k_f = 1\,858.3$ N m⁻¹

218　　演 習 問 題 の 略 解

問題7.3　表4.2の$v=0$および$v=2$の調和振動波動関数を式（7.8）に代入すると$\mu_{trs}=C\int_{-\infty}^{+\infty}x^3e^{-\alpha x^2}dx-C'\int_{-\infty}^{+\infty}xe^{-\alpha x^2}dx$（$C,C'$は定数）。被積分関数は奇関数なので，この積分は0。

問題7.4　力の定数k_fは同位体置換種で同一であると考えられるから，$\tilde{\nu}:\tilde{\nu}^*=\dfrac{1}{\sqrt{\mu}}:\dfrac{1}{\sqrt{\mu^*}}$となる。ここで，*は同位体置換種の値を表す。$\tilde{\nu}(D^{35}Cl)=2\,069\text{ cm}^{-1}$，$\tilde{\nu}(D^{37}Cl)=2\,066\text{ cm}^{-1}$。

問題7.5　$\tilde{\nu}_{obs}=2\tilde{\nu}_e-6\tilde{\nu}_e\tilde{x}_e$

問題7.6　$\tilde{\nu}_{obs}=\tilde{\nu}_e-4\tilde{\nu}_e\tilde{x}_e$

問題7.7　隣り合う二つの振動準位間の振動項の差は$\Delta G=\tilde{\nu}_e-2\tilde{\nu}_e\tilde{x}_e(v+1)$。解離限界において，$\Delta G\to 0$となる。そのときの振動量子数は$v_{max}=\dfrac{\tilde{\nu}_e}{2\tilde{\nu}_e\tilde{x}_e}-1$。

その際の振動項が解離エネルギーD_eと等しくなるから，$D_e=G(v_{max})=\dfrac{\tilde{\nu}_e^2-(\tilde{\nu}_e\tilde{x}_e)^2}{4\tilde{\nu}_e\tilde{x}_e}$

$\cong\dfrac{\tilde{\nu}_e^2}{4\tilde{\nu}_e\tilde{x}_e}$（$\tilde{\nu}_e>>\tilde{\nu}_e\tilde{x}_e$）。

問題7.8　（1）省略　（2）表7.2にある遷移に関してR branchについて$m=J+1$，P branchについて$m=-J$に従って番号づけし，遷移波数とmのプロットをmに関する二次の多項式でフィッティングする。$\tilde{B}_0=10.36\text{ cm}^{-1}$，$\tilde{B}_1=10.05\text{ cm}^{-1}$

問題7.9　（1）省略　（2）$\tilde{\nu}_R(1)-\tilde{\nu}_P(1),\tilde{\nu}_R(2)-\tilde{\nu}_P(2),\cdots$などの下準位が共通な遷移の波数の差$\Delta_1$と$J+1/2$のプロットの傾きから$\tilde{B}_1=10.05\text{ cm}^{-1}$。$\tilde{\nu}_R(0)-\tilde{\nu}_P(2),\tilde{\nu}_R(1)-\tilde{\nu}_P(3),\cdots$などの上準位が共通な遷移の波数の差$\Delta_2$と$J+1/2$のプロットの傾きから$\tilde{B}_0=10.36\text{ cm}^{-1}$。

問題7.10
$\tilde{\nu}_P=\tilde{\nu}_e-2\tilde{\nu}_e\tilde{x}_e-(2\tilde{B}_e-2\tilde{\alpha}_e)J-\tilde{\alpha}_eJ^2+4\tilde{D}_eJ^3$
$\tilde{\nu}_R=\tilde{\nu}_e-2\tilde{\nu}_e\tilde{x}_e+2\tilde{B}_e-3\tilde{\alpha}_e-4\tilde{D}_e+(2\tilde{B}_e-4\tilde{\alpha}_e-12\tilde{D}_e)J-(\tilde{\alpha}_e+12\tilde{D}_e)J^2-4\tilde{D}_eJ^3$

問題7.11　省略

問題7.12　H_2（伸縮），C_2H_4（全対称C-H伸縮）のみ不活性。その他は活性。

問題7.13　$G(1,1,0)-G(0,0,0)=\tilde{\nu}_1+\tilde{\nu}_2,G(1,2,0)-G(0,0,0)=\tilde{\nu}_1+2\tilde{\nu}_2$

演習問題の略解　　219

8 章
問題 8.1　すべてラマン活性。

9 章
問題 9.1　β-カロテンの HOMO–LUMO 遷移は $n'=12 \leftarrow n''=11$ である。$a=17.7$ Å

問題 9.2　$v'=0 \leftarrow v''=0$ 遷移の波数（64 748.46 cm^{-1}）と $v'=1 \leftarrow v''=0$ 遷移の波数（66 227.90 cm^{-1}）の差は電子励起状態の $v'=1$ と $v'=0$ のエネルギーの差 $\tilde{\nu}_e - 2\tilde{\nu}_e\tilde{x}_e$ に相当。同様に $v'=1 \leftarrow v''=0$ 遷移の波数と $v'=2 \leftarrow v''=1$ 遷移の波数（67 668.54 cm^{-1}）の差は電子励起状態の $v'=2$ と $v'=0$ のエネルギーの差 $\tilde{\nu}_e - 4\tilde{\nu}_e\tilde{x}_e$ に相当。これらを連立すれば A 状態の振動波数は $\tilde{\nu}_e = 1\,518.24$ cm^{-1}，非調和定数は $\tilde{\nu}_e\tilde{x}_e = 19.40$ cm^{-1}。式 (9.21) において $(v+1/2)$ の 3 乗以上の項を無視すれば，$v'=0 \leftarrow v''=0$ 遷移の波数は $\tilde{\nu}_{0,0} = \tilde{T}_e^A + (\tilde{\nu}'_e - \tilde{\nu}''_e)/2 - (\tilde{\nu}'_e\tilde{x}'_e - \tilde{\nu}''_e\tilde{x}''_e)/4$。電子基底状態（表 G.1）および計算した電子励起状態の分子定数を代入すれば，電子項は $\tilde{T}_e^A = 65\,075.77$ cm^{-1}。

問題 9.3　電子–振動項：$\displaystyle \tilde{E} = \tilde{T}_e + \tilde{\nu}_e\left(v+\frac{1}{2}\right) - \tilde{\nu}_e\tilde{x}_e\left(v+\frac{1}{2}\right)^2$

d 状態 $v=0$ と a 状態 $v=0$ の電子–振動項を計算し，その差をとれば遷移波数は 19 378.50 cm^{-1}，波長は 516.04 nm。

問題 9.4　R branch $J''=1$ では，$m=2$ だから，式 (9.28) より $\tilde{B}'=36.48$ cm^{-1}。

問題 9.5　(1) $\nu=1.5$ PHz，$E=9.9\times10^{-19}$ J　(2) 電子基底状態と第二電子励起状態のエネルギー差は 50 000 cm^{-1}，第一電子励起状態と第二電子励起状態では 16 667 cm^{-1}。これらの差 33 333 cm^{-1} が電子基底状態と第一電子励起状態のエネルギー差に相当。波長に直せば 300 nm。

問題 9.6　式 (5.17a) より，$\displaystyle A = \frac{16\pi^3\nu^3}{3\varepsilon_0 hc^3}|\mu_{trs}|^2 = \frac{16\pi^3|\mu_{trs}|^2}{3\varepsilon_0 h\lambda^3}$ だから，$\tau_F = 1/A = 399$ ns。

問題 9.7　$\displaystyle \mu_{trs} = \sqrt{\frac{3\varepsilon_0 h}{16\pi^3}\frac{g_{2p}}{g_{1s}}A_{2p-1s}\lambda^3} = \sqrt{\frac{3\varepsilon_0 h}{16\pi^3}\frac{g_{2p}}{g_{1s}}\frac{\lambda^3}{\tau_{2p}}}$

$g_{1s}=1, g_{2p}=3$ だから，$\mu_{trs}=1.1\times10^{-29}$ C m $= 3.27$ D。

問題 9.8　シュテルン–フォルマープロットの傾きより $k_Q = 8.35\times10^9$ L mol^{-1} s^{-1}。これをシュテルン–フォルマーの式に代入すれば，$\tau_F = 24.0$ ns。

220   演 習 問 題 の 略 解

10 章

問題 10.1   省略

問題 10.2   省略

問題 10.3

	HCOCl	*trans-*CHCl = CHCl	$CH_2 = C = CH_2$
	C_s	C_{2h}	D_{2d}

問題 10.4   表現行列は

$$
\Gamma(\sigma_v) = \begin{pmatrix}
1 & 0 & 0 & 0 & 0 & 0 & 0 & 0 & 0 \\
0 & -1 & 0 & 0 & 0 & 0 & 0 & 0 & 0 \\
0 & 0 & 1 & 0 & 0 & 0 & 0 & 0 & 0 \\
0 & 0 & 0 & 0 & 0 & 0 & 1 & 0 & 0 \\
0 & 0 & 0 & 0 & 0 & 0 & 0 & -1 & 0 \\
0 & 0 & 0 & 0 & 0 & 0 & 0 & 0 & 1 \\
0 & 0 & 0 & 1 & 0 & 0 & 0 & 0 & 0 \\
0 & 0 & 0 & 0 & -1 & 0 & 0 & 0 & 0 \\
0 & 0 & 0 & 0 & 0 & 1 & 0 & 0 & 0
\end{pmatrix},
$$

$$
\Gamma(\sigma_v') = \begin{pmatrix}
-1 & 0 & 0 & 0 & 0 & 0 & 0 & 0 & 0 \\
0 & 1 & 0 & 0 & 0 & 0 & 0 & 0 & 0 \\
0 & 0 & 1 & 0 & 0 & 0 & 0 & 0 & 0 \\
0 & 0 & 0 & -1 & 0 & 0 & 0 & 0 & 0 \\
0 & 0 & 0 & 0 & 1 & 0 & 0 & 0 & 0 \\
0 & 0 & 0 & 0 & 0 & 1 & 0 & 0 & 0 \\
0 & 0 & 0 & 0 & 0 & 0 & -1 & 0 & 0 \\
0 & 0 & 0 & 0 & 0 & 0 & 0 & 1 & 0 \\
0 & 0 & 0 & 0 & 0 & 0 & 0 & 0 & 1
\end{pmatrix}
$$

となる。それぞれ対角成分の和をとれば，指標は $\chi_\Gamma(\sigma_v) = 1, \chi_\Gamma(\sigma_v') = 3$。

問題 10.5   省略

索　引

【あ・い・う】

アインシュタインの A 係数　88
アインシュタインの B 係数　87
イオン化エネルギー　25, 37
位　数　185
一重項　169, 193
ウォルシュの相関図　59
宇宙線　81
運動量演算子　11, 70

【え】

永年行列式　41
エルミート多項式　72
遠紫外光　81
遠心歪み定数　100
遠心力　100
遠赤外光　81

【か】

回映軸　175, 177
回転運動　5
回転項　97
回転軸　103, 175
回転準位　8
回転遷移　8
回転定数　97
回転量子数　76, 96
解離エネルギー　120
解離限界　44, 160
解離性電子状態　160
ガウス関数　72

角運動量　75
角周波数　80
角振動数　67, 71, 80
角速度　74
重なり積分　40, 42
可視光　26, 80
可約表現　184
換算質量　27, 70, 115
慣性モーメント　75, 96, 104
貫　入　35
簡　約　184

【き】

基音吸収　120
規格化積分　11, 73
基準座標　127
基準振動　127
基　底　181
逆対称伸縮振動　128, 145, 188
既約表現　182, 185
吸光度　91
吸収断面積　93
吸収分光法　3
球対称コマ分子　105
球面調和関数　24
鏡映面　175, 176
境界条件　14
共鳴積分　40, 43
極端紫外光　81
許容遷移　90, 98
近紫外光　81
禁制遷移　90, 98
近赤外光　81

【く】

暗い状態　170
クラッツアの関係式　102
クーロン積分　40, 42
クーロンポテンシャル　21
クーロン力　20
群　論　59, 175

【け】

蛍　光　87, 164
蛍光寿命　167
結合音　133
結合次数　53
結合性軌道　45
結合性電子励起状態　160
原子軌道の線形結合　39

【こ】

光学遷移　8, 84
項間交差　165
剛体回転子　74, 96
恒等要素　175, 177
固有関数　10
固有値　10
固有値方程式　10
コンビネーション・ディ
　ファレンス法　135
コンビネーションバンド　133

【さ】

最高被占軌道　61, 148
最低空軌道　61, 148
三重項　169

【し】

紫外光	81
磁気量子数	24
自己消光定数	171
自然放射	87, 164
指 標	182
指標表	175, 184
遮蔽定数	33
周 期	67, 80
自由度	5, 126
周波数	80
縮 退	29, 76
縮退度	29, 76, 96
主 軸	105, 176
シュテルン-フォルマーの式	172
主量子数	24
シュレディンガー方程式	9
消光定数	171
真空紫外光	81
深紫外光	81
振電遷移	158
振動運動	5
振動-回転スペクトル	122
振動-回転相互作用定数	124
振動-回転ラマンスペクトル	142
振動緩和	165
振動基底状態	7
振動項	111
振動子強度	93
振動準位	7
振動数	67, 71, 80, 111
振動数条件	84
振動遷移	8
振動励起状態	7
振動量子数	71, 111
振 幅	67, 79

【す】

水素類似原子	20
ストークス散乱	137
スピン磁気量子数	35
スピン量子数	35
スペクトル	1
スワンバンド	173

【せ・そ】

赤外活性	114, 131, 191
赤外光	81
赤外不活性	114
絶対屈折率	80
遷移選択律	98, 108, 113, 122, 132, 143, 190
遷移双極子モーメント	8, 89, 94, 113, 140, 151, 189
全対称表現	185
双極子モーメント	90, 98, 113, 151, 190
相互禁制律	145

【た】

対称心	175, 177
対称伸縮振動	128, 145, 188
対称操作	175, 177
対称要素	175
ダンハム係数	125
ダンハムの展開式	125

【ち】

力の定数	66, 112
中赤外光	81
調和近似	65
調和項	65
調和振動子	66, 111
調和振動波数	102, 112
直 積	190
直線分子	105
直交性	18, 73

【て】

点 群	175, 178
電子基底状態	7
電子項	157
電子スピン	35
電子遷移	8
電子遷移双極子モーメント	152
電子配置	36, 51
電子励起状態	7

【と・な】

透過度	91
透過率	91
動径波動関数	24
動径分布関数	31
内部転換	165

【は】

倍音吸収	120
パウリの排他原理	35
波 数	26, 79
波 長	3, 79
発光分光法	3
波動関数	9
ハミルトニアン	10
反結合性軌道	45
反ストークス散乱	137
反対称伸縮振動	128
バンドヘッド	163

【ひ】

光吸収	87
非結合性軌道	54
非対称コマ分子	105
非調和項	65
非調和定数	118
ヒュッケル近似法	60
表現行列	181

【ふ】

フォルトラ包絡線	134, 162
復元力	66, 101
節	16
フックの法則	66
フラックス	92
フランク-コンドン因子	152

索　　　　引　　223

フランク-コンドンの
　原理　　151
プランクの分布式　　89
分極率　　138
分子軌道関数　　39
フントの規則　　36

【へ】

閉　殻　　36
平衡核間距離　　44, 65
並進運動　　5
変角振動　　129, 145, 188
偏長対称コマ分子　　105
変分原理　　40
偏平対称コマ分子　　105

【ほ】

ボーアの共鳴条件　　84
ボーア半径　　24
方位量子数　　24
放射失活過程　　164
ホットバンド　　120

ポテンシャルエネルギー
　曲線　　7, 64, 117
ボルツマン分布則　　85
ボルン-オッペンハイマー
　近似　　38
ボルンの解釈　　11, 73

【ま行】

マイクロ波　　81
無放射失活過程　　164
モースポテンシャル　　77, 120
モル吸光係数　　91

【や行】

ヤブロンスキーダイア
　グラム　　170
誘起双極子モーメント　　138
有効核電荷　　33
誘導吸収　　87
誘導放射　　87

【ら】

ラジオ波　　81
ラプラシアン　　10, 22
ラマン活性　　140, 144
ラマン散乱　　137
ラマンシフト　　144
ラマン不活性　　145
ランベルト-ベールの法則　　91

【り・る】

離散準位　　160
リュードベリの式　　26
量子数　　15
りん光　　164
ルジャンドル演算子　　22

【れ】

零点エネルギー　　17, 72, 158
レイリー散乱　　137
レーザー　　88
連続状態　　160

【英字】

a　軸　　105
b　軸　　105
c　軸　　105
C_{nh} 点群　　178
C_{nv} 点群　　178
C_{2v} 点群　　178
d 軌道　　29
D_{nh} 点群　　178
D_{2h} 点群　　192
f 軌道　　29

gerade　　47
O branch　　143
P branch　　122, 161
Q branch　　122, 143
R branch　　122, 161
S branch　　143
ungerade　　47
X　線　　81

【ギリシャ語】

γ 線　　81
$\pi - \pi^*$ 遷移　　149, 193

π 軌道　　49
σ 軌道　　47

【数字】

1s 軌道　　27
$2p_x$ 軌道　　29
$2p_y$ 軌道　　29
$2p_z$ 軌道　　29
2s 軌道　　29

―――著者略歴―――

2016 年 東京理科大学総合化学研究科総合化学専攻博士後期課程修了,博士(理学)
2016 年 東京工業大学研究員
2017 年 日本学術振興会 特別研究員 PD(東京工業大学)
2019 年 東京理科大学助教
2023 年 東京理科大学講師
　　　　 現在に至る

分子分光学の基礎
Fundamentals of Molecular Spectroscopy　　　　　　　　ⓒ Shoma Hoshino 2025

2025 年 5 月 2 日　初版第 1 刷発行　　　　　　　　　　　　　　　　★

	検印省略	著　者	星　野　翔　麻 (ほし の しょう ま)
		発行者	株式会社　コロナ社
			代表者　牛来真也
		印刷所	新日本印刷株式会社
		製本所	有限会社　愛千製本所

112-0011　東京都文京区千石 4-46-10
発行所　株式会社　コロナ社
CORONA PUBLISHING CO., LTD.
Tokyo Japan
振替00140-8-14844・電話(03)3941-3131(代)
ホームページ　https://www.coronasha.co.jp

ISBN 978-4-339-06674-6　C3043　Printed in Japan　　　　　　　(森岡)

JCOPY <出版者著作権管理機構 委託出版物>
本書の無断複製は著作権法上での例外を除き禁じられています。複製される場合は,そのつど事前に,出版者著作権管理機構(電話 03-5244-5088,FAX 03-5244-5089, e-mail: info@jcopy.or.jp)の許諾を得てください。

本書のコピー,スキャン,デジタル化等の無断複製・転載は著作権法上での例外を除き禁じられています。購入者以外の第三者による本書の電子データ化及び電子書籍化は,いかなる場合も認めていません。
落丁・乱丁はお取替えいたします。